高效生态养牛与疾病诊断防治

彩色图谱

谢文青　李红斌　王　君　主编

中国农业科学技术出版社

图书在版编目（CIP）数据

高效生态养牛与疫病诊断防治彩色图谱／谢文青，李红斌，王君主编.—北京：中国农业科学技术出版社，2020.1

ISBN 978-7-5116-4282-0

Ⅰ.①高…　Ⅱ.①谢…②李…③王…　Ⅲ.①养牛学-图谱②牛病-防治-图谱　Ⅳ.①S823-64②S858.23-64

中国版本图书馆CIP数据核字（2019）第296270号

责任编辑	闫庆健　王惟萍
责任校对	李向荣
出 版 者	中国农业科学技术出版社 北京市中关村南大街12号　邮编：100081
电　　话	（010）82106625（编辑室）　（010）82109702（发行部） （010）82109709（读者服务部）
传　　真	（010）82106625
网　　址	http://www.CASTP.cn
经 销 者	各地新华书店
印 刷 者	北京富泰印刷有限责任公司
开　　本	880mm×1 230mm　1/32
印　　张	4
字　　数	120千字
版　　次	2020年1月第1版　2020年1月第1次印刷
定　　价	32.80元

《高效生态养牛与疫病诊断防治彩色图谱》
编 委 会

主　编：谢文青　李红斌　王　君
副主编：樊孝军　刘定富　李永峰

前　言

近年来随着我国经济的快速发展，居民经济消费水平持续上升，人们对于肉类消费结构逐步开始改善，牛肉的总体消费需求正在不断增加，这为牛养殖业带来了发展的契机。作为中高档肉类消费产品，牛肉以低脂、低胆固醇等营养功能正快速占据肉类消费的主力地位。我国继美国和巴西之后，已成为牛养殖和牛肉生产世界第三大养殖生产国。

本书全面、系统地介绍了高效生态养牛与疫病诊断防治的知识，内容包括：牛的体型外貌及繁育、牛的品种识别、生态牛养殖方式及牛场建设与环境控制、母牛的饲养管理与繁殖技术、肉牛生态育肥技术、奶牛饲养管理、牛常见病的防治等。

由于编者水平所限，书中难免存在不当之处，恳切希望广大读者和同行不吝指正。

编　者
2020 年 1 月

目　　录

第一章　牛的体型外貌及繁育

第一节　体型外貌及其鉴定

一、牛的外貌特征

肉用牛皮薄骨细，体躯宽深而低垂，全身肌肉高度丰满，皮下脂肪发达、疏松而匀称。属于细致疏松体质类型。肉用牛体躯从前望、侧望、上望和后望的轮廓均接近方砖形。前躯和后躯高度发达，中躯相对较短，四肢短，腹部呈圆桶形，体躯短、宽、深。我国劳动人民总结牛的外貌特征为"五宽五厚"，即额宽颊厚、颈宽垂厚、胸宽肩厚、背宽肋厚、尻宽臀厚（图1-1）。

图1-1　牛的外貌特征

从局部看，头宽短、多肉。角细。耳轻。颈短、粗、圆。鬐甲低、平、宽。肩长、宽而倾斜。胸宽、深，胸骨突于两前肢前方。垂肉高度发育，肋长，向两侧扩张而弯曲大。肋骨的延伸趋于与地面垂直的方向，肋间肌肉充实。背脖平、直。腰短欺小。腹部充实，呈圆桶形。尻宽、长、平，腰角不显，肌肉丰满。后躯侧方由腰角经坐骨结节至胫骨上部形成大块的肉三角区。尾细，尾帚毛长。四肢上部深厚多肉，下部短而结实，肢间距大。

中国黄牛一直被用来耕田、拉车，随着农业操作机械化程度的提高，大部分农区已把黄牛改良为役肉兼用牛或肉役兼用牛。水牛也逐渐改良为肉用牛或肉役兼用牛。

二、牛外貌评分鉴定

我国牛繁育协作组制定的纯种牛外貌鉴定评分标准见表1-1、表1-2，对纯种牛的改良牛，可参照此标准执行。

表1-1 成年牛外貌鉴定评分标准

部　位	鉴定要求	评分	
		公	母
整体结构	品种特征明显，结构匀称，体质结实，肉用牛体型明显。肌肉丰满，皮肤柔软有弹性	25	25
前躯	胸宽深，前胸突出，肩胛宽平，肌肉丰满	15	15
中躯	肋骨开张，背腰宽而平直，中躯呈圆桶形。公牛腹部不下垂	15	20
后躯	尻部长、平、宽，大腿肌肉突出延伸，母牛乳房发育良好	25	25
肢蹄	肢蹄端正，两肢间距宽，蹄形正，蹄质坚实，运步正常	20	15
	合计	100	100

表1-2 成年牛外貌等级评定标准

性别	等级			
	特级	一级	二级	三级
公牛	85分以上	80～84	75～79	70～74
母牛	80分以上	75～79	70～74	65～69

三、牛膘情评定

通过目测和触摸来测定屠宰前牛的肥育程度，用以初步估测体重和产肉力。但必须有丰富的实践经验，才能做出准确的评定。目测的着眼点主要是测定牛体的大小、体躯的宽狭与深浅度，肋骨的长度与弯曲程度，以及垂肉、肩、背、臀、腰角等部位的丰满程度，并以手触摸各主要部位肉层的厚薄和耳根、阴囊处脂肪蓄积的程度。牛屠宰前肥育程度评定标准见表1-3。

表1-3　牛屠宰前肥育程度评定标准

等级	评定标准
特等	肋骨、脊骨、腰椎横突都不显现，腰角与臀端呈圆形、全身肌肉发达，肋部丰满，腿肉充实，并向外突出和向下延伸
一等	肋骨、腰椎横突不显现，但腰角与臀端未圆，全身肌肉较发达，肋部丰满，腿肉充实，但不向外突出
二等	肋骨不甚明显，尻部肌肉较多，腰椎横突不甚明显
三等	肋骨、脊骨明显可见，尻部如屋脊状，但不塌陷
四等	各部关节完全暴露，尻部塌陷

第二节　繁殖生理

准确的发情鉴定可进行适时输精，提高受胎率。

一、外部观察法

生产中最常用的方法。主要根据母牛的发情征状（爬跨行为）来判断。正常情况下，发情牛的征状明显，通过此法容易判断，但因其持续时间短，且又大都在夜间发情，故加强对即将发情的牛和刚结束发情的牛的判断极为重要，可以有效防止漏配和及时补配。

即将发情牛的判断主要根据其发情周期进行。发情到来之前，加强对牛的精神状态、外阴部变化等的观察，及时观察发情。而刚结束发情的牛，主要根据以下几个征状判断：爬跨痕迹明显，后臀部被毛凌乱，有唾液黏结；外阴周围有发情黏液黏结，有血丝；早晨起来，刚发过情的牛会因夜间爬跨疲劳而躺卧休息，其他牛则在活动。

目视观察发情是不可代替的最实用的方法。

二、直肠检查法

最准确的方法。对于异常发情及产后 50 天内未见发情的母牛，应及时实施生殖系统普查，尽早克服繁殖系统隐患。

操作方法：将湿润或涂有肥皂的手臂伸进直肠，排出宿粪后，手指并拢，手心向下，轻轻下压并左右抚摸，在骨盆底上方摸到坚硬的子宫颈，然后沿子宫颈向前移动，便可摸到子宫体、子宫角间沟和子宫角。再向前伸至角间沟分叉处，将手移动到一侧子宫角处，手指向前并向下，在子宫角弯曲处即可摸到卵巢。此时，可用手指肚细致轻稳地触摸卵巢卵泡发育情况，如卵巢大小、形状、卵泡波动及紧张程度、弹性和泡壁厚薄，卵泡是否破裂，有无黄体等。触摸完一侧后，按同样的手法移至另一侧卵巢上检查（图 1-2）。

图 1-2 牛的直肠检查

检查卵巢时有下列两种情况。

正常：母牛发情时卵巢正常的是两侧一大一小。育成母牛的卵巢，大的如拇指大，小的如食指大；成年母牛的卵巢，大的如鸽卵大，小的如拇指大。一般卵巢为右大左小，多数在右侧卵巢的滤泡发育，如黄豆粒或芸豆粒大而突出于卵巢表面，发情盛期触之有波动感；发情末期滤泡增大到 1 厘米以上，泡壁变薄，有触之即破之感。

不正常：母牛发情时卵巢不正常有两种情况。一是两侧卵巢一般大，或接近一般大。育成母牛，两侧卵巢都不大，质地正常、扁平，无滤泡和黄体；属卵巢机能不全症。在成年母牛，两侧卵巢均较大，质地正常，表现光滑，无滤泡，有时一侧有黄体残迹，是患有子宫内膜炎的症状，排灰白色黏液。这种牛虽有发情表现，但不排卵。二是两侧卵巢虽然一大一小，而大侧卵巢如鸡卵或更大，质地变软，表面光滑，无滤泡和黄体，是卵巢囊肿的症状。总之，在母牛发情时，其卵巢体积大如鸡卵或缩小变硬的都是病态。

检查子宫时也有两种情况。

正常：发情正常者，育成母牛的子宫如拇指粗或稍粗，对称，触之有收缩反应，松弛时柔软，壁薄如空肠样。成年母牛子宫角如 1 号电池或电筒粗，有时一侧稍粗，触之有收缩反应，松弛时柔软，有空心两层感。

不正常：母牛发情时，子宫角不正常有 3 种状态。第 1 种，子宫角呈肥大状态，检查时发现两子宫角像小儿臂似的，两条又粗、又长、又圆的子宫角对称地摆着。触摸时，呈饱满、肥厚、圆柱样，收缩反应微弱或消失，通俗说法有肉乎乎的感觉。第 2 种，子宫角呈圆形较硬状态，触摸发现两角如 1 号电池或电筒粗，无收缩反应，如灌肠样，有硬邦邦的感觉。第 3 种，子宫角呈实心圆柱状态，触摸时发现两角如 1 号电池粗或稍细，收缩反应微弱，弛缓后也呈实心圆柱状，有细长棒硬的感觉。

以上 3 种状态的子宫角，都是各种慢性子宫内膜炎的不同阶段的不同病理状态，必须进行治疗，否则将影响母牛妊娠。

牛的发情鉴定方法还有阴道检查法、试情法以及借助发情鉴定仪进行发情鉴定等。

第三节　人工授精

牛人工授精优点较多，不但能高度发挥优良种公牛的利用率，节约大量购买种公牛的投资，减少饲养管理费用，提高养牛效益，还能克服个别母牛生殖器官异常而本交无法受孕的缺点，防止母牛生殖器官疾病和接触性传染病的传播，有利于选种选配，更有利于优良品种的推广，迅速改变养牛业低产的面貌。

一、受精母牛的保定

人工授精操作的第一步是保定配种母牛。

（一）牛的简易保定法

（1）徒手保定法。用一手抓住牛角，拉提鼻绳、鼻环或用一手的拇指与食指、中指捏住牛的鼻中隔加以固定。

（2）牛鼻钳保定法。将牛鼻钳（图1-3）的两钳嘴抵入两鼻孔，并迅速夹紧鼻中隔，用一手或双手握持，也可用绳系紧钳柄固定。

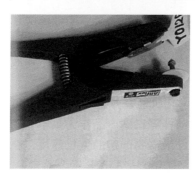

图1-3　牛鼻钳

对牛的两后肢，通常可用绳在飞节上方绑在一起。

（二）肢蹄的保定

（1）两后肢保定。输精前，为了防止牛的骚动和不安，将两后肢固定。方法是选择柔软的线绳在跗关节上方做"8"形缠绕或用绳套固定，此法广泛应用于挤奶和临床。

（2）牛前肢的提举和固定。将牛牵到柱栏内，用绳在牛系部固定，绳的另一端自前柱由外向内绕过保定架的横梁，向前下兜住牛的掌部，收紧绳索。把前肢拉到前柱的外侧，再将绳的游离端绕过牛的掌部，与立柱一起缠两圈，则被提起的前肢牢固地固定于前柱上。

（3）后肢的提举和固定。将牛牵入柱栏内，绳的一端绑在牛的后肢系部，绳的游离端从后肢的外侧面，由外向内绕过横梁，再从后柱外侧兜住后肢蹄部，用力收紧绳索，使蹄背侧面靠近后柱，在蹄部与后柱多缠几圈，把后肢固定在后柱上。

待母牛固定好以后，即可开始输精。

二、输精

在选择对母牛进行配种的场所时，需注意以下几方面：确保动物和配种员的安全；使用方便；准备应对天气变化的遮盖物。

无论操作者是左利手还是右利手，都推荐使用左手进入直肠把握生殖道，用右手操作输精枪。这是因为母牛的瘤胃位于腹腔的左侧，将生殖道轻微地推向了右侧。所以会发觉用左手要比右手更容易找到和把握生殖道。

在靠近牛准备人工授精的时候，操作者轻轻拍打牛的臀部或温和地呼唤牛，将有助于避免牛受惊。先将输精手套套在左手，并用润滑液润滑，然后用右手举起牛尾，左手缓缓按摩阴门。将牛尾放于左手外侧，避免在输精过程中影响操作。并拢左手手指形成锥形，缓缓进入直肠，直至手腕位置。

用纸巾擦去阴门外的粪便。在擦的过程中不要太用力，以免将粪便带入生殖道。左手握拳，在阴门上方垂直向下压。这样可将阴门打开，输精枪头在进入阴道时不与阴门壁接触，避免污染。斜向上30°角插入输精枪，避免枪头进入位于阴道下方的输尿管口和膀胱内。当输精枪进入阴道15～20厘米，将枪的后端适当抬起，然后向前推至子宫颈外口。当枪头到达子宫颈时，操作者能感觉到一种截然不同的软组织顶住输精枪（图1-4）。

图1-4　母牛的人工授精

若想获得高的繁殖率，在人工授精时要牢记以下要点：动作温和，不要过于用力；输精过程可分为两步，先将输精枪送到子宫颈口，再将子宫颈套在输精枪上；通过子宫颈后将精液释放在子宫体内；操作过程中不要着急；放松。

第四节　妊娠与分娩

一、妊娠

配种受胎后的母牛即进入妊娠状态。妊娠是母牛的一种特殊性生理状态，从受精卵开始，到胎儿分娩的生理过程称为妊娠期。母牛的妊娠期为240~311天，平均283天。妊娠期因品种、个体、年龄、季节及饲养管理水平不同而有差异。早熟品种比晚熟品种短；乳用牛短于肉用牛，黄牛短于水牛；怀母牛犊比公牛犊约少1天，育成母牛比成年母牛约短1天，怀双胎比单胎少3~7天，夏季分娩比冬春少3天，饲养管理好的多1~2天。在生产中，为了把握母牛是否受胎，通常采用直肠诊断和B超检查的方法。

（一）直肠诊断

直肠检查法是判断母牛是否妊娠最普遍、最准确的方法。在妊娠两个月左右可正确判断，技术熟练者在一个月左右即可判断。但由于胚泡的附植在受精后 60（45~75）天，2 个月以前判断的实际意义不大，还有诱发流产的副作用。

直肠检查的主要依据是子宫颈质地、位置；子宫角收缩反应、形状、对称与否、位置及子宫中动脉变化等，这些变化随妊娠进程有所侧重，但只要其中一个症状能明显地表示妊娠，则不必触诊其他部位。

直肠检查要突出轻、快、准三大原则。其准备过程与人工授精过程相似，检查过程是先摸子宫角，最后是子宫中动脉。

（二）B 超诊断

1. B 超的选择

选择兽用 B 超，探头的规格和专业的兽医测量软件非常重要。

便携，如果仪器笨重，且要接电源，不方便临床操作。分辨力最重要，如果操作者看不清图像，会影响诊断结果。

2. B 超的应用

应用 B 超进行母牛妊娠诊断，要把握正确位置，B 超探头在牛直肠中的位置。与直肠检查相比，B 超检查确诊受孕时间短、直观、效果好。一般在配种 24~35 天 B 超检查可检测到胎儿并能够确诊怀孕，而直肠检查一般在母牛怀孕 50~60 天才可确诊；B 超检查在配种 55~77 天可检测到胎儿性别。B 超确诊怀孕图像直观、真实可靠，而直肠检查存在一些不确定或未知因素。B 超检查在配种 35 天后确诊没有怀孕，则在第 35 天对母牛进行技术处理，较直肠检查 60 天后方能处理明显缩短了延误的时间。在生产中，使用 B 超检查诊断母牛受孕与否外，还可应用在卵巢检查和繁殖疾病监测等方面。

二、分娩

妊娠后，为了做好生产安排和分娩前的准备工作，必须精确算出母牛的预产期。预产期推算以妊娠期为基础。母牛妊娠期 240~311 天，平均 280 天，有报道说我国黄牛平均 285 天。一般牛妊娠期为 282~283 天。

　　妊娠期计算方法是配种月份加9或减3，日数加6，超过30上进一个月。如某牛于2000年2月26日最后一次输精，则其预产月份为2+9＝11月，预产日为26+6＝32日，上进一个月，则为当年12月2日预产。

　　预产期推算出以后，要在预产期前一周注意观察母牛的表现，尤其是对产前预兆的观测，做好接产和助产准备。

　　分娩前，将所需接产、助产用品，难产时所需产科器械等，消毒药品、润滑剂和急救药品都准备好；预产期前一周把母牛转入专用产房，入产房前，将临产母牛牛体刷拭干净并将产房消毒、铺垫清洁而干燥柔软的干草；对乳房发育不好的母牛应及早准备哺乳品或代乳品。

　　胎儿产出后，应立即将其口鼻内的羊水擦干，并观察呼吸是否正常。身体上的羊水可让母牛舔干，这样一方面母牛可因吃入羊水（内含催产素）而使子宫收缩加强，利于胎衣排出，另外还可增强母子关系（图1-5）。

图1-5　母牛舔干胎儿体表的羊水

第二章 牛的品种识别

在牛的品种当中，根据不同用途可将牛分为乳用型牛、肉用型牛、役用型牛、兼用型牛4种类型。

第一节 乳用牛品种

荷斯坦牛又称荷斯坦-弗里生牛，也简称荷斯坦牛或弗里生牛，因其毛色为黑白相间、界限分明的花片，故普遍称作黑白花牛，荷兰的弗里生及德国的荷斯坦是该牛的原产地。荷斯坦牛经历了2 000多年的培育，早在15世纪就以产奶量高而著称，现遍布世界各地。

荷斯坦牛被世界各国引入后，又经过长期的培育或与本国地方牛杂交而育成了适应当地环境条件且又各具特点的荷斯坦牛，有的被冠以本国名称，如加拿大荷斯坦牛、美国荷斯坦牛、中国荷斯坦牛等，有的仍以原产地命名。目前世界上的荷斯坦牛最具代表性的是：乳用型美国荷斯坦牛和乳肉兼用的荷兰及欧洲其他地区的荷斯坦牛。群体平均产奶量和最高个体产奶量均为各种奶牛品种之冠。

第二节 乳肉兼用牛品种

一、西门塔尔牛

原产地及其分布。西门塔尔牛（图2-1，图2-2）原产于瑞士西部的阿尔卑斯山及德国、法国、奥地利等地，由于中心产区在伯尔尼的西门河谷而得名。早在18世纪，该牛就因其良好的乳、肉、役三用性能突出而驰名。目前该牛已成为世界上分布最广、数量最多的牛品种之一。

外貌特征。西门塔尔牛被毛黄白花或红白花，但头、胸、腹下和尾帚多为白毛。头较长，面宽；角较细而向外上方弯曲，尖端稍向上。颈长中等；体躯长，肋骨开张；前后躯发育良好，胸深，尻部宽平，四肢结实，大腿肌肉较为发达；乳房发育良好。成年公牛活重为 800~1 200 千克，母牛 600~800 千克。

图 2-1　西门塔尔牛母牛　　　　图 2-2　西门塔尔牛种公牛

生产性能。西门塔尔牛乳、肉用性能均较好，欧洲各国该牛年平均产奶量达 3 500~4 500 千克，乳脂率为 3.64%~4.13%，在瑞士平均泌乳量为 4 070 千克，乳脂率 3.9%。该牛生长快，平均日增重0.8~1.0 千克以上，公牛育肥后屠宰率为 65% 左右，胴体肉多，脂肪少而分布均匀。成年母牛难产率低（2.8%），适应性强，耐粗放管理。总之，该牛是乳肉兼用的典型品种，受到许多国家的欢迎。中国目前有 3 万余头西门塔尔牛，核心群平均产奶量已突破 4 500 千克。四川阳坪种牛场 77 号母牛 305 天产奶量达 8 400 千克。

我国从 20 世纪中期开始引进西门塔尔牛，2002 年农业部正式认定为中国西门塔尔牛，现在全国已有纯种牛 3 万余头，杂种牛 600余万头，约占全国改良牛的 1/3。西门塔尔牛是我国黄牛改良的第一牛种，在改良各地黄牛中都取得了比较理想的效果。在科尔沁草原和胶东半岛农区强度育肥西门塔尔牛，其日增重达 1.0~1.2 千克，屠宰率为 60%，净肉率为 50%。

二、三河牛

原产地及其分布。三河牛（图 2-3）原产于内蒙古呼伦贝尔草原的三河（根河、得勒布尔河、哈布尔河）地区，并因此而得名。
三河牛是我国培育的第一个乳肉兼用型品种，含西门塔尔牛、雅罗
斯拉夫牛等的血统。1954年开始进行系统选育，1976年牛群质量得
到显著提高，1982年制订了品种标准。近年来三河牛已被引入其他
省份，也曾输入蒙古等国。

外貌特征。被毛为界限分明的红白花片，头白色或有白斑，腹
下、尾尖及四肢下部为白色；有角，角向上前方弯曲。体格较大，
骨骼粗壮，结构匀称，肌肉发达，性情较温顺。

图2-3 河牛母牛

生产性能。三河牛平均年产奶量为1 000千克左右，在较好的饲
养管理条件下可达4 000千克，三河牛产肉性能良好，初生公牛体重
35.8千克，母牛31.2千克；6月龄公牛体重178.9千克，母牛
169.2千克。未经育肥的阉牛屠宰率一般为50%～55%，净肉率为
44%～48%，而且肉质良好，瘦肉率高。

三河牛耐粗放管理，抗寒能力强。但由于群体中个体间差异较
大，无论在外貌或是生产性能上，表现均很不一致，如毛色不够整
齐，后躯发育较差，有待于进一步改良提高。

三、中国草原红牛

原产地及其分布。草原红牛（图2-4）是由吉林白城地区、内
蒙古赤峰、锡林郭勒盟南部县和河北省张家口地区联合育成的一个
兼用型新品种，1988年正式命名为"中国草原红牛"，并制订了国
家标准。目前产区有30多万头。

外貌特征。草原红牛大部分有角，且角大多伸向外前方，呈倒

八字形，略向内弯曲；全身被毛紫红或深红色，部分牛腹下、乳房部有白斑；鼻镜、眼圈粉红色，体格中等大小。

图 2-4　草原红牛公牛

生产性能。草原红牛在以放牧为主条件下，第一胎平均产奶量为 1 127.4 千克，以后每胎则为 1 500~2 500 千克，泌乳期为 210 天左右，乳脂率为 4.03%；经短期育肥，屠宰率可达 50.8%~58.2%，净肉率为 41.0%~49.5%。

草原红牛适应性强，耐粗放管理，对严寒酷热的草场条件耐力强，发病率很低。草原红牛繁殖性能良好，繁殖成活率为68.5%~84.7%。

四、新疆褐牛

原产地及其分布。新疆褐牛（图 2-5）原产于新疆维吾尔自治区（全书简称新疆）伊犁、塔城等地区。由瑞士褐牛及含有瑞士褐牛血统的阿拉塔乌牛与新疆当地黄牛杂交育成。

图 2-5　新疆褐牛公牛

外貌特征。新疆褐牛为被毛深浅不一的褐色，额顶、角基、口轮周围及背线为灰白色或黄白色。体躯健壮，肌肉丰满。头清秀，嘴宽，角中等大小，向侧前上方弯曲，呈半椭圆形；颈长适中，胸较宽深，背腰平直。

生产性能。新疆褐牛平均产乳量 2 100~3 500 千克，高的可达 5 162 千克，乳脂率为 4.03%~4.08%。产肉性能在天然草场放牧的条件下，于 9~11 个月测定，1.5 岁、2.5 岁和阉牛的屠宰率分别为 47.4%、50.5% 和 53.1%，净肉率分别为 36.3%、38.4% 和 39.3%。

新疆褐牛适应性好，可在极端温度 -40℃ 和 47.5℃ 下放牧，抗病力强。但还存在体躯较小、胸窄、尻部尖斜、乳房发育较差等不足。

第三节　肉用牛品种

一、夏洛莱牛

原产地及其分布。夏洛莱牛（图 2-6）原产于法国中西部到东南部的夏洛莱省和涅夫勒地区，是世界公认的大型肉牛品种，以其生长快、产肉量多、体型大、耐粗放管理的特点而受到各国的广泛欢迎，现已输出到世界各地，参与新型肉用品种的培育、杂交繁育或纯种繁育。

图 2-6　夏洛来牛母牛

外貌特征。夏洛莱牛最显著的特点是被毛白色或乳白色，皮肤常带有色斑；全身肌肉特别发达；骨骼结实，四肢强壮。夏洛莱牛头小而宽，嘴端宽、方，角圆而较长，并向前方伸展，角质蜡黄，颈粗短，胸宽深，肋骨方圆，背宽肉厚，体躯呈圆桶状，肌肉丰满，后臀肌肉发达，并向后方和侧面突出。公牛常见有双甲和凹背者。

成年公牛体重为 1 100~1 200 千克，母牛为 700~800 千克。

生产性能。夏洛莱牛在生产性能方面表现最显著的特点是：生长速度快，瘦肉产量高。在良好的饲养条件下，6 月龄公犊可达 250 千克，母犊 210 千克。日增重可达 1.4 千克，12 月龄公犊可达 378.8 千克，母犊 321.8 千克。在加拿大的良好饲养条件下，公牛周岁时体重可达 511 千克。屠宰率为 60%~70%，胴体产肉率为 80%~85%。

夏洛莱牛泌乳量较高，产奶量可达 2 000 千克，乳脂率为 4.0%~4.7%，但夏洛莱牛纯繁产难产率也较高（13.7%）。

我国曾先后两次从法国引进夏洛莱牛，主要分布在东北、西北和南方的部分地区，用于改良我国本地黄牛，取得了很明显的效果。

二、利木赞牛

原产地及其分布。利木赞牛（图 2-7，图 2-8）原产于法国中部的利木赞高原地区，并因此而得名。在法国主要分布在中部和南部的广大地区，其数量仅次于夏洛莱牛，20 世纪 70 年代输入欧美各国，目前世界上许多国家都有该牛分布，属于专门化大型肉牛品种。

图 2-7　利木赞牛公牛　　　　图 2-8　利木赞牛母牛

外貌特征。利木赞牛被毛为红色或黄色，口、鼻、眼圈周围、四肢内侧及尾帚毛色较浅，角为白色，蹄为红褐色。头较短小，额宽，胸部宽深，体躯较长，后躯肌肉丰满，四肢粗短。公犊初生重 36 千克，母犊 35 千克。

生产性能。利木赞牛产肉性能高，胴体质量好，眼肌面积大，前后肢肌肉丰满，产肉率高，在肉牛市场上很有竞争力。集约饲养条件下犊牛断奶后生长很快，10 月龄体重即达 408 千克，周岁时体重可达 480 千克左右，哺乳期平均日增重为 0.86~1.0 千克。该牛 8 月龄小牛就可生产出具有大理石纹的牛肉，因此是法国等一些欧洲国家生牛肉的主要供应来源。

三、皮埃蒙特牛

原产地及其分布。皮埃蒙特牛（图 2-9，图 2-10）原产于意大利北部的皮埃蒙特地区，原为役用牛，经长期选育而成为生产性能优良的专门化大型肉用品种。因含有双肌基因，是目前国际公认的杂交终端父本，已被世界 22 个国家引进，用于杂交改良。

外貌特征。体型较大，体躯呈圆桶状，肌肉高度发达。被毛为乳白色或浅灰色，犊牛幼龄时毛色为乳黄色，鼻镜为黑色；公牛肩胛毛色较深，黑眼圈，尾帚黑色。

生产性能。皮埃蒙特牛肉用性能十分突出，其在育肥期平均日增重 1.5 千克（1.360~1.657 千克），生长速度为肉用品种之首。公牛屠宰时期活重为 550~600 千克，一般为 15~18 个月。母牛 14~15 个月体重可达 400~450 千克。肉质细嫩，瘦肉含量高，屠宰率为 65%~70%，胴体瘦肉率 84.13%，骨骼 13.60%，脂肪 1.50%。每 100 克肉中胆固醇含量只有 48.5 毫克，低于一般牛肉（73 毫克）、猪肉（79 毫克）、鸡肉（76 毫克）。

图 2-9 皮埃蒙特牛公牛　　图 2-10 皮埃蒙特牛双脊犊牛

四、海福特牛

原产地及其分布。海福特牛（图 2-11，图 2-12）原产于英格兰西部的海福特郡，是世界上最古老的中型早熟肉牛品种，其培育已有2 000多年的历史，现已分布许多国家。

外貌特征。具有典型的肉用牛体型，分为有角和无角两种。颈粗短，体躯肌肉丰满，呈圆桶状，背腰宽平，臀部宽厚。肌肉发达，四肢短粗，侧望体躯呈矩形。全身被毛除头、颈垂、腹下、四肢下部及尾尖为白色外，其余为红色，皮肤为橙黄色，角为蜡黄或白色。

图2-11　有角海福特牛　　图2-12　无角海福特牛公牛

生产性能。海福特牛犊牛初生重为28~34千克。7~8月龄的平均日增重为0.8~1.3千克，良好条件下，7~12月龄日增重可达1.4千克以上。据报道，加拿大一头海福特公牛，在育肥期日增重高达2.27千克。一般屠宰率为60%~65%，18月龄公牛活重可达500千克以上。

海福特牛适应性好，在干旱的高原牧场冬季-50℃~-48℃的条件下，或夏季38℃~40℃条件下都可放牧饲养和正常生活繁殖。我国在1913年和1965年曾陆续从美国引进该牛，与本地黄牛杂交，杂交一代表现为：体格加大，体型改善，宽度提高明显，犊牛生长快，抗病耐寒，适应性好，体躯被毛为红色，但头、腹下和四肢部位多为白毛。

五、短角牛

原产地及其分布。短角牛（图2-13）原产于英格兰的诺桑伯、德拉姆、约克和林肯等郡。因该品种由当地土种长角牛改良而来，角较短小，故称短角牛。短角牛的培育始于16世纪末17世纪初，到20世纪初短角牛已是世界上闻名的肉牛良种。1950年，随着世界奶牛业的发展，短角牛的一部分又向乳用方向选育，于是形成了近代短角牛的两种类型，即肉用型短角牛和乳肉兼用型短角牛。

图 2-13 短角牛公牛

六、安格斯牛

原产地及其分布。安格斯牛（图 2-14，图 2-15）属于古老的小型肉牛品种，原产于英国的阿伯丁、安格斯和金卡丁等郡。目前世界大多数国家都有该品种牛。

外貌特征。安格斯牛以被毛黑色和无角为其重要特征，故也称无角黑牛。该牛体躯低矮、结实，头小而方，额宽，体宽深，呈圆桶形，四肢短而直，前后裆较宽，全身肌肉丰满，具有现代肉牛的典型体型。安格斯牛初生重为 25~32 千克。

生产性能。具有良好的肉用性能，被认为是世界上专门化肉牛品种中的典型品种之一，表现为早熟，胴体品质高，出肉多。一般屠宰率为 60%~65%，哺乳期日增重 0.9~1.0 千克。育肥期平均日增重（1.5 岁内）为 0.7~0.9 千克，肌肉大理石纹很好，适应性强，耐寒抗病。缺点是母牛稍具神经质。

图 2-14 安格斯牛公牛　　　图 2-15 安格斯牛母牛

第四节 "中国黄牛"品种

"中国黄牛"是我国固有的、曾长期以役用为主的黄牛群体的总称。

"中国黄牛"广泛分布于全国各省、自治区、直辖市,包括中原黄牛类型的秦川牛、南阳牛、晋南牛和鲁西牛,北方黄牛类型的延边牛和蒙古牛以及南方黄牛类型的温岭高峰牛等。

一、秦川牛

原产地及其分布。秦川牛(图 2-16,图 2-17)因产于陕西关中的"八百里秦川"而得名,其中以渭南、蒲城、扶风、岐山等 15 个县市为主产区,尤以礼泉、乾县、扶风、咸阳、兴平、武功和蒲城 7 个县的牛最为著名。现群体总数约 80 万头。秦川牛属中国五大良种黄牛之一。

图 2-16 秦川牛公牛　　　图 2-17 秦川牛母牛

外貌特征。秦川牛属大型牛,骨骼粗壮,肌肉丰厚,体质强健,前躯发育好,具有役肉兼用型牛的体型。被毛细致有光泽,毛色多为紫红色及红色;鼻镜红色;部分个体有色斑;蹄壳和角大多为肉红色。前躯发育良好而后躯较差;公牛颈上部隆起,鬐甲高而宽,母牛鬐甲低,荐骨稍隆起,缺点是牛群中常见尻稍斜的个体。

生产性能。秦川牛役用性能好,肉用性能突出,经过数十年的选育,秦川牛不仅数量大大增加,而且牛群质量、等级、生产性能也有很大提高。作役用，一般成年牛可负担耕地 2 公顷；作肉用，易育肥。据原西北农学院等单位对 13~22.5 月龄 36 头牛的屠宰试验表明，在中等饲养水平的情况下（宰前一个月的催肥期），13、18、22.5 月龄屠宰的试验牛，其平均屠宰率分别为 53.27%、58.28% 和 60.75%，净肉率分别为 45.73%、50.50% 和 52.21%。这些数据已接近国外肉牛品种的一般水平。特别指出的是，秦川牛的骨量小（18 月龄肉骨比为 6.13：1），瘦肉率高（76.04%），胴体中脂肪含量低（11.65%），眼肌面积大（97.02 平方厘米），且与一些专用肉牛相比都比较高。

秦川牛适应性好，全国已有 20 多个省区市引进了秦川牛，分别进行纯种繁育或改良本地黄牛，其表现出的杂交效果较为理想。若作为母本，与国外优质肉牛杂交，可生产大量优质牛肉。

二、南阳牛

原产地及其分布。南阳牛（图 2-18，图 2-19）原产于河南省南阳地区白河和唐河流域的广大平原地区，以南阳市郊区、南阳县、唐河、邓州等 9 个县市为主要产区。南阳牛属中国五大良种黄牛之一。

外貌特征。南阳牛毛色以深浅不一的黄色为主，另有红色和草白色，面部、腹下、四肢下部毛色较浅；南阳牛体躯高大，结构紧凑，肌肉发达，前躯较宽深；公牛以萝卜头角为多，母牛角细；鬐甲较高，肩部较突出；背腰平直，荐部较高；额微凹，颈短厚而多皱褶。但部分牛胸欿宽深，体长不足，尻部较斜，乳房发育较差。

图 2-18　南阳牛公牛　　　　图 2-19　南阳牛母牛

生产性能。南阳牛产肉性能良好，15 月龄育肥牛，屠宰率为 55.6%，净肉率为 46.6%，胴体产肉率为 83.7%，肉骨比为 5.1:1，眼肌面积为 92.6 平方厘米；泌乳期为 6~8 个月，产奶量为 600~800 千克。南阳牛被全国 22 个省区引入，与当地黄牛杂交后的杂种牛适应性、采食性和生长能力均较好。

三、晋南牛

原产地及其分布。晋南牛（图 2-20，图 2-21）产于山西省南部晋南盆地的运城地区。晋南牛属中国五大良种黄牛之一。

外貌特征。晋南牛属我国大型役肉兼用品种，体型粗大，体质结实，前躯较后躯发达。公牛头中等长，额宽，顺风角，颈较短粗，垂皮发达，肩峰不明显；胸部发达，端较窄。母牛头清秀；乳房发育较差；毛色以枣红色为主，红色和黄色次之，富有光泽；鼻镜粉红色。

图 2-20　晋南牛公牛　　　图 2-21　晋南牛母牛

生产特性。晋南牛役用性能良好，持久力强。18 月龄时屠宰，屠宰率为 53.9%，净肉率为 40.3%，经强度育肥后屠宰率为 59.2%，净肉率为 51.2%，成年阉牛屠宰率为 62.6%，净肉率为 52.9%。

四、鲁西牛

原产地及其分布。鲁西牛（图 2-22，图 2-23）产于山东南部的菏泽市、济宁市，以郓城、鄄城、嘉祥等 10 个市县为中心产区，除上述地区外，在鲁南地区、河南东部、河北南部、江苏和安徽北部也有分布。鲁西牛属中国五大良种黄牛之一。

外貌特征。鲁西牛体躯高大，结构紧凑，肌肉发达，前躯较宽深，具有肉用牛的体型。鲁西牛被毛从浅黄到棕红，以黄色为最多，多数具有三粉特征（眼圈、口轮、腹下四肢为粉色）；垂皮较为发达，角多为龙门角；公牛肩峰宽厚而高，母牛后躯较好，鬐甲低平；背腰短，尾毛多扭生如纺锤状。

图2-22　鲁西牛公牛　　　图2-23　鲁西牛母牛

生产性能。役用性能好，肉用性能良好，18月龄育肥，公、母牛平均屠宰率为57.2%，净肉率为49.0%，肉骨比为6：1，眼肌面积为89.1平方厘米。该牛皮薄骨细，肉质细嫩，大理石纹明显，市场占有率较高。

总体上看，鲁西牛以体大力强、外貌一致、品种特征明显、肉质良好而著称，但尚存在成熟较晚、增重较慢、后躯欠丰满，尚有凹背、草腹、卷腹、尖尻及斜尻、管骨细等缺陷。

五、延边牛

原产地及其分布。延边牛（图2-24，图2-25）产于吉林省延边朝鲜族自治州以及朝鲜，尤以延吉、珲春、和龙及汪清等市县的牛最为著名。现东北三省均有分布，属寒温带山区役肉兼用品种。延边牛属中国五大良种黄牛之一。

外貌特征。延边牛毛色为深浅不一的黄色，鼻镜呈淡褐色，被毛密而厚、具有弹力；胸部宽深；公牛颈厚隆起，母牛乳房发育较好。

图 2-24　延边牛公牛　　　　图 2-25　延边牛母牛

生产性能。该牛适用于水田作业，善走山路。18 月龄育肥牛平均屠宰率可达 57.7%，净肉率为 47.2%，眼肌面积为 75.8 平方厘米；泌乳期 6~7 个月，产奶量达 500~700 千克；耐寒、耐粗，抗病力强，适应性良好。

第五节　水牛品种

世界上的水牛主要分布在亚洲地区。此外，非洲、拉丁美洲、大洋洲及东南亚的一些国家有少量分布，其中 90% 分布于亚洲。印度是养殖水牛最多的国家，我国位列第二。水牛主要分为两种类型，即江河型和沼泽型。江河型数量最多，占世界水牛总数的 2/3，印度的摩拉水牛和巴基斯坦的尼里-拉菲水牛属此类型。沼泽型主要分布在中国及东南亚地区。

一、摩拉水牛

摩拉水牛原产于印度雅么纳河西部，属江河型水牛，以其产乳量高而著名。中国、印度尼西亚等国均有分布。摩拉水牛被毛深灰色，白尾，绵羊角型，呈螺旋状；无垂皮，无肩峰；乳房良好，乳头粗长。

乳用型摩拉水牛，公牛体重为 969.0 千克，母牛为 647.9 千克，泌乳期为 240.8 天，泌乳量达 1 557.1 千克，乳脂率为 5.62%。

二、尼里-拉菲水牛

尼里-拉菲水牛原产于巴基斯坦的尼里和拉菲河流域，属江河型水牛，其体型外貌、生产性能表现近似于摩拉水牛。中国也有分布。尼里-拉菲水牛被毛多为黑色，玉石眼（虹膜缺乏色素），面部、四肢有白斑，尾帚白色，角向后弯，乳房发达，乳头粗长而分布均匀。

乳用型尼里-拉菲水牛，公牛体重为 800 千克，母牛为 600 千克，平均年产奶量可达 1 983.5 千克，最高 3 800 千克，乳脂率为 7.19%，性格较摩拉水牛好。

三、中国水牛

中国同水牛主要分布在长江以南各省、自治区、直辖市，2 200 多万头，居世界第二位。我国水牛主要是以沼泽型为主，长期以来主要用作水田地区的役畜，近年来引进江河型水牛（如摩拉水牛和尼里-拉菲水牛）改良当地水牛，使乳用性能有明显提高。

中国水牛被毛深灰色或浅灰色，且稀疏，两眼内角、下颌两侧有一簇灰白色毛，颈下和胸前有 1~2 道白毛环，皮粗糙而有弹性，鬐甲隆起，肋骨开张，尾粗短；体躯粗短，后躯差。

中国水牛主要分布在我国水稻种植区，宜水田作业，泌乳期 8~10 个月，泌乳量为 500~1 000 千克，乳脂率为 7.4%~11.6%。

中国水牛由于饲养成本低，育肥效果较好，产肉潜力较大，有待进一步研究开发。特别是福安水牛，表现出了良好的肉用性能。

第三章 生态牛养殖方式及牛场建设与环境控制

第一节 生态牛养殖方式

选择牛的饲养方式是宜根据规模，条件因地制宜。主要有以下三种方式：圈养方式，半圈养饲养方式，放牧饲养方式。

在高寒山区进行牛养殖适应于放牧饲养，利用天然草场，草山，草坡放牧饲养，不喂料或少喂料，降低饲养成本，节省人工。放牧具有一定的时间性，一般始于春季，止于秋季。放牧饲养的方法主要有固定放牧和轮牧两种固定放牧。

一、固定放牧

这是一种最粗放的饲养方式，春季将牛群赶往放牧场，一直到秋季（图3-1）。在放牧场里进行固定放牧必须做到以下几点。

首先必须保持牧草的健康及供给，必须在春季进行牧草种植。

其次进行牧场规划，循环交换放牧；多块牧场结合使草场得到合理利用。

再次对牛群进行分群放牧使牛群可以达到饱和促进生长。

最后做到全进全出，保障盈利后资金的周转。

应注意的问题；每块草场必须防止过度践踏，随时监控并恢复草场。

二、轮放

先将草场规划为放牧区和割草区，再将放牧草场划为小区，然后依小区的数目和放养持续时间在各小区轮流放牧。轮放周期根据

图 3-1　放牧牛群

牛群采食后牧草恢复到应有高度的时间确定。一年可以轮牧 2~4 次。应根据草场类型、气候、管理条件不同而作相应变化。

其优点是可以使草场得到好的休息，减少践踏，增加牧草恢复生长的机会。较均匀地提供质量好的牧草，提高牧场的利用率，是合理利用草场，提高载畜量的较科学的牧养样式。

第二节　牛场选址

一、地形地势

牛场要有足够的面积，而且地势开阔整齐。牛场生产区面积一般按每头 8~15 平方米计算，牛场生活区、行政管理区和隔离区另行考虑。奶牛场则按每头成年奶牛 100 平方米来确定面积。考虑到未来的发展，还应留有发展用面积（图 3-2）。

二、土质

选择地下水位较低及土质为沙壤土的地方较好。

图 3-2 牛场选址

三、水源水质

要求水量充足，水质良好，便于防护，取用经济方便。若是自来水，主要考虑管道口径是否够用；若是地面水，主要考虑有无工厂、农业生产和畜牧场污水杂物排入；若是地下深井水，应该请卫生防疫站进行水质分析。牛场的用水要定期取样送检，并坚持常年用漂白粉、高锰酸钾、百毒杀等进行消毒处理。

四、社会联系

牛场宜选在当地夏季主风向的下风处，地势低于居民点，离开居民点排污口，绝不能选在易造成环境污染的企业附近。要求交通方便，又要与交通干线保持适当的距离。一般离铁路、二级以上公路 300 米以上，离三级公路 150 米以上，离四级公路 50 米以上。距居民点、一般畜禽场 300 米以上，距大型牛场 1 000 米以上。此外，还应综合考虑电力和其他方面的需要。

第三节 牛场规划布局

一、牛场规划

1. 场地分区

大中型牛场的布局可以划分为 4 个功能区，即生活区、管理区、生产区和隔离区。应根据当地全年主风向与地势，顺序安排 4 个功能区（图3-3）。

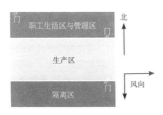

图3-3　牛场布局示意

（1）生活区。生活区一般设置职工食堂、职工宿舍、澡堂等，应设在牛场大门外面，位于上风向。

（2）管理区。管理区一般设置办公室、接待室、会议室、饲料加工调配车间、饲料仓库、水电供应设施、车库等。该区建在生产区大门外，自成一院。饲料库应靠近进场道路处，并在外侧墙上设卸料窗，场外运输车辆不许进入生产区。

（3）生产区。生产区包括各类牛舍、生产设施。该区应该是独立的，执行封闭式管理，禁止外来车辆入内和区内车辆外出。各牛舍由饲料库内门领料，用场内小车运送。在靠围墙外设装牛台，牛只在装牛台上装卸车。消毒、更衣、洗澡间设在场大门一侧，进生产区人员一律经消毒、更衣后方可入内。生产区道路分净道和污道，两道要避免交叉。

（4）隔离区。隔离区常设有兽医技术室、病牛隔离舍、尸体处理设施、粪污处理及贮存设施等。该区设在整个牛场的下风或偏风向、地势低处。病牛隔离舍与健康牛舍保持200米以上距离，尸体处理设施距健康牛舍300米以上。污水污物排放须达到国家规定的排放标准。

2. 场内道路和排水

牛场应分设净道和污道。净道用于运送饲料、产品等，污道用于运送粪污、病牛、死牛等。场内道路要求防水防滑，管理区和隔离区应分别设置通向场外的道路，生产区内不设直通场外的道路。奶牛场设有挤奶站的，还应有牛舍与挤奶站之间的奶牛走道。

牛场排水设施，通常在道路一侧设明沟排水，也可设暗沟。场区排水管道不与舍内排水系统相通。

3. 场内绿化

在牛场周围设隔离林带，牛舍之间、道路两旁进行遮阴绿化，场区裸露地面上可种花草。

二、建筑物布局

1. 保证牛场生产的连续性、节奏性来合理布局

如果大中型牛场，可按种公牛舍、空怀母牛舍、妊娠母牛舍、产舍、犊牛舍、育肥牛舍、装牛台等顺序排列建筑物。如是奶牛场，成年母牛舍设在生产区中轴线两侧，犊牛舍设在母牛舍上风向，青年牛舍和育成牛舍设在母牛舍南侧，挤奶厅、牛奶贮藏间靠近母牛舍和大门口，人工授精室设在离母牛舍较近的地方，但在下风向。

2. 牛舍间隔距离

每幢牛舍左右间隔应该在 10~15 米，前后间距在 15~20 米，奶牛舍前后间距再大些，病牛舍与健康牛舍间距更大。

3. 牛舍朝向

一般要求牛舍在夏季少接受太阳辐射，舍内通风量大而均匀，冬季应该多接受太阳辐射，冷风渗透少。因此，炎热地区应根据当地夏季主导风向安排牛舍朝向；寒冷地区应根据当地冬季主导风向确定牛舍朝向。牛舍一般以南向或南偏东、南偏西45°以内为宜。

第四节　牛舍设计

一、牛舍类型

1. 按屋顶构成形式

牛舍可分为单坡式、双坡式、联合式、平顶式、拱顶式等。单坡式适合小型牛场，简单、省料，光照、通风好，但冬季保温差。双坡式保温性好，但投资较多。联合式的特点介于单坡式和双坡式之间。

2. 按墙壁结构与窗户的设置方式

牛舍可分为开放式、半开放式（图3-4）和密闭式，密闭式又

分为有窗式和无窗式。开放式三面设墙，一面无墙，造价低，采光好，但防寒效果差。半开放式三面设墙，一面设半截墙，冬季可在半截墙上挂草帘，钉塑料布保暖。有窗式四面设墙，纵墙上设窗，寒冷地区南窗大、北窗小，炎热地区在纵墙上设窗或屋顶设通风管、通风屋脊，调节通风和隔热，保温性能好。无窗式靠人工设备调控，投资大，费用高，产房和犊牛舍可采用此式。

图 3-4　半开放式牛舍

3. 按牛栏排列的方式

牛舍可分为单列式（图 3-5）、双列式（图 3-6）和多列式。单列式，牛栏排成一列。双列式，牛栏排成两列，中间设饲喂走道，两边设清粪通道，利用率高，管理方便，保温性能好，便于机械化操作，但舍内易潮湿。多列式，容纳量大，管理方便，冬季保暖，但采光差，易潮湿，通风不良。

图 3-5　单列式牛舍　　　　图 3-6　双列式牛舍

二、牛舍基本结构

1. 基础

基础埋置深度根据牛舍总载荷、地基承载力、地下水位及气候条件等因素来确定，一般深 80~100 厘米 。在基础墙的顶部通常设置油毡防潮层。

2. 墙壁

牛舍墙壁要求坚固耐久，耐水防火，保温隔热。墙体多采用砖墙，墙内表面还应该用白灰水泥砂浆粉刷，地面以上 1~1.5 米高的墙面应设水泥墙裙。

3. 地面和牛床

牛舍地面应保温、防滑、不透水。成年牛床长 160~180 厘米，宽 110~130 厘米；青年牛床长 160~170 厘米，宽 100~110 厘米；育成牛床长 140~160 厘米，宽 70~100 厘米。牛床高于地面 5~15 厘米，前高后低，坡度 1%~1.5%。

4. 窗户

牛舍窗户的大小、数量、形状、位置根据当地气候条件合理设计。一般南窗 100 厘米×120 厘米，北窗 80 厘米×100 厘米，窗台距地面高度 120~140 厘米。

5. 门

牛舍外门一般高 2~2.4 米 ，宽 1.2~2.5 米 ，门外设坡道，设置在冬季的非主导风向，必要时加设门斗。

6. 屋顶和顶棚

牛舍屋檐一般距地面 2.8~3.2 米 。要求屋顶坚固，有一定的承重能力，不漏水、不透风，具有良好的保温隔热性能。母牛分娩舍和犊牛育成舍应该设置顶棚。

7. 饲槽

牛舍饲槽设在牛床的前面，有固定式和活动式 2 种,水泥饲槽较适用。成年牛饲槽上口宽60~80 厘米,底宽35 厘米,底呈弧形,槽内缘(靠牛床一侧)高35 厘米,外缘高60~80 厘米。其他牛槽相应小些、矮些。

8. 通道

牛舍通道以双列式为例，中间通道宽 130~150 厘米，两侧通道宽80~90厘米。

9. 通气孔

如有必要，可在牛舍的屋顶设通气孔，一般单列式牛舍的通气孔为70厘米×70厘米，双列式牛舍的通气孔为90厘米×90厘米。通气孔高于屋脊50厘米，设有活门，可自由启闭（图3-7）。

图3-7　人字架构、顶排风密闭式牛舍

10. 给排水

要求供水充足，污水、粪尿能排净。一般舍内粪尿沟宽28~30厘米，深15厘米，坡度0.5%~1%，应通到舍外污水池。

11. 运动场地

按每头牛占用面积计算，成年牛15~20平方米，育成牛10~15平方米，犊牛5~10平方米。要求有围栏、拴系设施、补饲槽、饮水槽。地面或铺砖或用三合土压实，不要返潮，坚实，排水、透水性好，平整，不滑，耐腐蚀，便于清扫、消毒，适宜牛只行走、躺卧，有条件的要设置凉棚。

第五节　牛场设备

一、供水设备

牛场供水包括水的提取、贮存、调节、输送等几个部分。供水方式包括自流式供水和压力式供水。规模化牛场一般采用压力式供水，供水系统包括供水管路、过滤器、减压器和自动饮水槽（图3-8）等。

图 3-8 饮水槽

二、供热保温设备

牛舍供暖可采用集中供暖和局部供暖 2 种方式。集中供暖由一个供热设备，如锅炉、燃烧器或电热器，利用煤、油、煤气和电能等加热水或空气，再通过管道将热量输送到牛舍内的散热器。局部供暖包括地板供热和电热灯加热等，通常布置在分娩舍和保育舍。

三、通风降温设备

对于面积小、跨度不大、门窗较多的牛舍，可全部利用自然通风。如果牛舍空间大、跨度大、牛群饲养密度高，特别是采用水冲清粪或水泡清粪的，要采用机械装置来加强通风。

四、清洁消毒设备

最常用的清洁消毒设备有 2 种：一种是地面冲洗喷雾消毒机，它是规模化牛场较好的清洗消毒设备（图 3-9）；另一种是火焰消毒

图 3-9 车辆消毒池

器，可对舍内牛栏、饲槽等设备及建筑物表面进行瞬间高温燃烧，达到杀灭细菌、病毒、虫卵等目的，优点是杀菌率高，无药物残留。

第六节　粪尿处理与环境保护

一、粪尿的处理

规模化牛场的粪尿处理系统由给水系统、排水系统和清粪系统、粪尿的处理设备、处理方法等构成。

1. 粪便和污水的处理方法

按其处理原理可分为以下 4 种。

（1）物理处理法。将污水中的有机污染物、悬浮物、油类以及固体物质分离出来，包括固液分离法、沉淀法、过滤法等。

（2）化学处理法。通过化学反应，使污水中的污染物质发生化学变化而改变其性质，包括中和法、絮凝沉淀法和氧化还原法等。

（3）物理化学处理法。包括吸附法、离子交换法、电渗析法、反渗透法、萃取法和蒸馏法。

（4）生物处理法。利用微生物的代谢作用分解污水中的有机物而达到净化的目的。

生物处理法是目前提倡的，同时也是未来废污处理发展的主要方向。根据微生物呼吸的需氧状况，生物处理法又分为好氧处理和厌氧处理两大类。

活性污泥法是一个典型的好氧处理法。活性污泥是由无数细菌、真菌、原生动物和其他微生物与吸附的有机及无机物组成的絮凝体，利用它的吸附和氧化作用可以达到处理污水中有机物的作用，需要构建曝气池和曝气设备。生物膜法是另一个典型的好氧处理，它通过生长在物料（如滤料、石料等）表面上的生物膜对污水进行处理，处理设备包括生物滤池、生物转盘和生物接触池等。

厌氧生物处理是厌氧菌和兼性菌在无游离氧的条件下分解有机物，使污水净化的方法，如化粪池和沼气池等（图3-10）。

图3-10　规模牛场的沼气生产线

2. 粪尿的利用

目前对牛场粪尿利用主要有3个方面：一是做肥料，二是制备沼气，三是养殖药物蚯蚓。粪便污水中含碳有机物经厌氧微生物等作用产生沼气，沼气可作燃料、发电等，沼渣可作肥料，沼液可排入鱼塘进行生物处理。

沼气发酵的类型有高温发酵（45~55℃）、中温发酵（35~40℃）、常温发酵（30~35℃）3种。我国普遍采用常温发酵，其适宜条件是：温度25~35℃，pH值6.5~7.5，碳氮比（25~30）：1；有足够的有机物，一般每立方米沼气池加入1.6~1.8千克的固态原料为宜；发酵池的容积以每头牛0.15立方米为宜。常温发酵效率较低，沼液、沼渣需经进一步处理，以防造成二次污染。有条件的牛场，可采用效率较高的中温或高温发酵。

二、牛场的绿化

在场界周边种植乔木和灌木混合林带，在冬季上风向和夏季上风向种植宽5~8米、3~5行的乔灌防风林带。在场区隔离墙内外种植宽3~5米、2~3行的灌木及乔木隔离林带。在场内外道路旁种植乔木或亚乔木1~2行。在牛舍之间种植1~2行乔木或亚乔木遮阴林。在牛场空地种植优质的牧草，或种草坪和花。

第四章 母牛的饲养管理与繁殖技术

第一节 犊牛的饲养管理

犊牛是指从初生至断奶阶段的小牛（图4-1）。这阶段的主要任务是提高犊牛成活率，给育成期牛的生长发育打下良好基础。

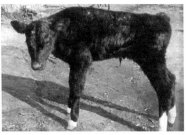

图4-1 新生犊牛

一、犊牛的饲养

犊牛阶段又可分为初生期（出生至7日龄）和哺乳期（8日龄至断奶）两阶段。由于肉用母牛泌乳性能较差，所以肉用犊牛一般采取"母—犊"饲养法，即随母哺乳法。

（一）初生期

初生期是犊牛由母体内寄生生活方式变为独立生活方式的过渡时期；初生犊牛消化器官尚未发育健全。瘤网胃只有雏形而无功能；真胃及肠壁虽初具消化功能，但缺乏黏液，消化道黏膜易受细菌入侵。犊牛的抗病力、对外界不良环境的抵抗力、适应性和调节体温的能力均较差，因此，新生犊牛容易受各种病菌的侵袭而引起疾病，甚至死亡。

（二）哺乳期

这一阶段是犊牛体尺体重增长及胃肠道发育最快的时期，尤以瘤网胃的发育最为迅速，此阶段犊牛的可塑性很大，直接影响成年牛的生产性能。

1. 哺乳

自然哺乳即犊牛随母吮乳，肉用牛较普通。一般是在母牛分娩后，犊牛直接哺食母乳，同时进行必要的补饲。一般在生后3个月以内，母牛的泌乳量可满足犊牛生长发育的营养需要，3个月以后母牛的泌乳量逐渐下降，而犊牛的营养需要却逐渐增加，如犊牛在这个年龄的生长受阻很难补偿。自然哺乳时应注意观察犊牛哺乳时的表现，当犊牛哺乳频繁地顶撞母牛乳房，而吞咽次数不多，说明母牛奶量低，犊牛不够吃，应加大补饲量；反之，当犊牛吸吮一段时间后，犊牛口角已出现白色泡沫时，说明犊牛已经吃饱，应将犊牛拉开，否则容易造成犊牛哺乳过量而引起消化不良。一般而言，大型肉牛平均日增重700~800克，小型肉牛平均日增重600~700克，若增重达不到上述水平的需求，应增加母牛的补饲量，或对犊牛直接增加补料量。传统的哺乳期5~6月龄，规模母牛场一般可实行2~3月龄断奶，但犊牛必须加强营养，实施早期补饲。

2. 补饲

犊牛的消化与成年牛显著不同，初生时只有皱胃中的凝乳酶参与消化过程，胃蛋白酶作用很弱，也无微生物存在。到3~4月龄时，瘤胃内纤毛虫区系完全建立。大约2月开始反刍。传统的肉用犊牛的哺乳期一般为6个月，纯种肉牛养殖一般不实行早期断奶，我国的黄牛属于役肉兼用种，也不实行早期断奶，因此也不采取早期补饲方式。最近研究证明，早期断奶可以显著缩短母牛的产后发情间隔时间，使母牛早发情、早配种、早产犊，缩短产犊间隔，提高母牛的终生生产力和降低生产成本。由于西门塔尔改良牛产奶量高，所以在挤奶出售的情况下，实行犊牛早期断奶也是非常有利的。实行犊牛早期断奶，犊牛的提早补饲至关重要。早期喂给优质干草和精料，促进瘤胃微生物的繁殖，可促使瘤胃的迅速发育。

从1周龄开始，在牛栏的草架内添入优质干草（如豆科青干草等），训练犊牛自由采食，以促进瘤网胃发育。

生后10~15天开始训练犊牛采食精料，初喂时可将少许牛奶洒在精料上，或与调味品一起做成粥状，或制成糖化料，涂擦犊牛口鼻，诱其舔食。开始时日喂干粉料10~20克，到1月龄时，每天可采食150~300克，2月龄时可采食到500~700克，3月龄时可采食到750~1 000克。犊牛料的营养成分对犊牛生长发育非常重要，可结合本地条件，确定配方和喂量。

二、犊牛的管理

（一）防止舐癖

牛舐癖指犊牛互相吸吮，是一种极坏的习惯，危害极大。其吸吮部位包括嘴巴、耳朵、脐带、乳头、牛毛等。吸吮嘴巴易造成传染病；吸吮耳朵在寒冷情况下容易造成冻疮；吸吮脐带容易引发脐带炎；吸吮乳头导致犊牛成年后瞎乳头；吸吮牛毛容易在瘤胃内形成许多大小不一的扁圆形毛球，久之往往堵塞食道沟或幽门而致死。防止舐癖，犊牛与母牛要分栏饲养，定时放出哺乳，犊牛最好单栏饲养，其次犊牛每次喂奶完毕，应将犊牛口鼻部残奶擦净。对于已形成舐癖的犊牛，可在鼻梁前套一小木板来纠正。同时避免用奶瓶喂奶，最好使用水桶。犊牛要有适度的运动，随母牛在牛舍附近牧场放牧，放牧时适当放慢行进速度，保证休息时间。

（二）做好定期消毒

冬季每月至少进行1次，夏季10天1次，用苛性钠、石灰水或来苏儿对地面、墙壁、栏杆、饲槽、草架全面彻底消毒。如发生传染病或有死畜现象，必须对其所接触的环境及用具作临时突击消毒。

（三）去角

一般在生后的15天左右进行。去角的方法如下。

（1）固体苛性钠法。先剪去角基部的毛，然后在外周用凡士林涂一圈，以防药液流出，伤及头部或眼睛。然后用苛性钠在剪毛处涂抹，面积 1.6 平方厘米左右。至表皮有微量血渗出为止。应注意的是正在哺乳的犊牛，施行手术后 4~5 小时才能到母牛处哺乳，以防苛性钠腐蚀母牛乳房及皮肤。应用该法可以破坏成角细胞的生长，应用效果较好。

（2）电烙器去角（图 4-2）。将专用电烙器加热到一定温度后，牢牢地按压在角基部直到其角周围下部组织为古铜色为止，15~20秒。烙烫后涂以青霉素软膏。

图 4-2　犊牛电烙去角器

（四）去势

如果是专门生产小白牛肉，公犊牛在没有出现性特征之前就可以达到市场收购体重。因此，就不需要对牛加以阉割。生产高档牛肉，一般小公牛 4~5 月龄去势。阉牛生长速度比公牛慢 15%~20%，而脂肪沉积增加，肉质量得到改善，适于生产高档牛肉。阉割的方法有手术法、去势钳、锤砸法和注射法等。

（五）犊牛断奶

应根据当地实际情况和补饲情况而定。一般情况下，对于专门培育后备种用公犊的牛场不提倡犊牛早期断奶；即使非专门培育种用后备牛的牛场，一般也不提倡 3 周龄以下太早期断奶。因为太早期的断奶所需配制的代乳料要求质量高，成本大。肉牛业上实行早期断奶主要是为了缩短母牛产后的发情间隔时间和生产小牛肉时需要；对于饲养乳肉或肉乳兼用牛，产奶量较高，可挤奶出售，因而减少犊牛用奶量、降低成本才是其另一目的。

断奶应采用循序渐进的办法。当犊牛日采食固体料达 1 千克左右，且能有效地反刍时，便可断奶，同时要注意固体饲料的营养品质与营养补充，并加强日常护理。另外在预定断奶前 15 天，要开始逐渐增加精、粗饲料喂量，减少牛奶喂量。日喂奶次数由 3 次改为 2 次，2 次再改为 1 次，然后隔日 1 次。自然哺乳的母牛在断奶前一周即停喂精料，只给粗料和干草、稻草等。使其泌乳量减少。然后把母、犊分离到各自牛舍，不再哺乳。断奶第一周，母、犊可能互相呼叫，应进行舍饲或拴饲，不让互相接触。

第二节　育成牛的饲养管理与初次配种

育成牛指断奶后到配种前的母牛。计划留作种用的后备母犊牛（图 4-3，图 4-4）应在 4~6 月龄时选出，要求生长发育好、性情温顺、增重快。但留种用的牛不得过胖，应该具备结实的体质。此阶段发病率较低，比较容易饲养管理。但如果饲养管理不善，营养不良造成中躯和体高生长发育受阻，到成年时在体重和体型方面无法完全得到补偿，会影响其生产性能潜力的充分发挥。

图 4-3　后备牛的围栏放牧

一、育成牛的生长发育特点

育成牛随着年龄的增长，瘤胃功能日趋完善，12 月龄左右接近成年水平，正确的饲养方法有助于瘤胃功能的完善。此阶段是牛的

图4-4　后备牛的补饲管理

骨骼、肌肉发育最快时期，体型变化大。7~12月龄期间是增长强度最快阶段，生产实践中必须利用好这一特点。如前期生长受阻，在这一阶段加强饲养，可以得到部分补偿。6~9月龄时，卵巢上出现成熟卵泡，开始发情排卵，一般在18月龄左右，体重达到成年体重的70%时配种。

二、育成牛的饲养

为了增加消化器官的容量，促进其充分发育，育成牛的饲料应以粗饲料和青贮料为主，适当补充精料。

（一）舍饲育成牛的饲养

（1）断奶以后。断奶以后的育成牛采食量逐渐增加，对于种用者来说，应特别注意控制精料饲喂量，每头每日不应超过2千克；同时要尽量多喂优质青粗饲料，以更好地促使其向适于繁殖的体型发展。3~6月龄可参考的日粮配方：精料2千克，干草1.4~2.1千克或青贮5~10千克。

（2）7~12月龄。7~12月龄的育成牛利用青粗饲料能力明显增强。该阶段日粮必须以优质青粗饲料为主，每天的采食量可达体重的7%~9%，占日粮总营养价值的65%~75%。此阶段结束，体重可达250千克。混合精料配方参考如下：玉米46%，麸皮31%，高粱

5%，大麦 5%，酵母粉 4%，叶粉 3%，食盐 2%，磷酸氢钙 4%。日喂量：混合料 2~2.5 千克，青干草 0.5~2 千克，玉米青贮 11 千克。

（3）13~18 月龄。为了促进性器官的发育，其日粮要尽量增加青贮、块根、块茎饲料。其比例可占到日粮总量的85%~90%。但青粗饲料品质较差时，要减少其喂量，适当增加精料喂量。

此阶段正是育成牛进入体成熟的时期，生殖器官和卵巢的内分泌功能更趋健全，若发育正常在 16 ~ 18 月龄时体重可达成年牛的70%~75%。这样的育成母牛即可进行第一次配种，但发育不好或体重达不到这个标准的育成牛，不要过早配种，否则对牛本身和胎儿的发育均有不良影响。此阶段消化器官的发育已接近成熟，要保持营养适中，不能过于丰富也不能营养不良，否则过肥不易受孕或造成难产，过瘦使发育受阻，体躯狭浅，延迟其发情和配种。

（4）18~24 月龄。一般母牛已配种怀孕。育成牛生长速度减小，体躯显著向深宽方向发展。初孕到分娩前 2~3 个月，胎儿日益长大，胃受压，从而使瘤胃容积变小，采食量减少，这时应多喂一些易于消化和营养含量高的粗饲料。日粮应以优质干草、青草、青贮料和多汁饲料及氨化秸秆作基本饲料，少喂或不喂精料。根据初孕牛的体况，每日可补喂含维生素、钙磷丰富的配合饲料 1~2 千克。这个时期的初孕牛体况不得过肥，以看不到肋骨较为理想。发育受阻及妊娠后期的初孕牛，混合料喂量可增加到 3~4 千克。

（二）舍饲育成牛的放牧

采用放牧饲养时，要严格把公牛分出单放，以避免偷配而影响牛群质量。对周岁内的小牛宜近牧或放牧于较好的草地上。冬、春季应采用舍饲。

对于育成母牛，如有放牧条件，应以放牧为主。放牧青草能吃饱时，非良种黄牛每天平均增重可达 400 克，良种牛及其改良牛可达到 500 克，通常不必回圈补饲。青草返青后开始放牧时，嫩草含水分过多，能量及镁缺乏，必须每天在圈内补饲干草或精料，补饲时机最好在牛回圈休息后，夜间进行。夜间补饲不会降低白天放牧采食量，也免除了回圈立即补饲而使牛群回圈路上奔跑所带来的损失。补饲量应根据牧草生长情况而定。冬末春初每头育成牛每天应补1千克左右配合料，每天喂给1千克胡萝卜或青干草，或者0.5千克苜蓿干草，或每千克料配入1万国际单位维生素A。

（三）舍饲育成牛的管理

（1）分群 犊牛断奶后根据性别和年龄情况进行分群。首先是公母牛分开饲养，因为公母牛的发育和对饲养管理条件的要求不同；分群时同性别内年龄和体格大小应该相近，月龄差异一般不应超过2个月，体重差异不高于30千克。

（2）加强运动。在舍饲条件下，青年母牛每天应至少有2小时以上的运动，一般采取自由运动。在放牧的条件下，运动时间一般足够，加强育成牛的户外运动，可使其体壮胸阔，心肺发达，食欲旺盛。如果精料过多而运动不足，容易发胖，体短肉厚个子小，早熟早衰，利用年限短。

（3）刷拭和调教。为了保持牛体清洁，促进皮肤代谢和养成温驯的气质，育成牛每天应刷拭1~2次，每次5~10分钟。

（4）放牧管理。采用放牧饲养时，要严格把公牛分出单放，以避免偷配而影响牛群质量。对周岁内的小牛宜近牧或放牧于较好的草地上。冬、春季应采用舍饲。

第三节　怀孕母牛的饲养管理

怀孕期母牛的营养需要和胎儿的生长有直接关系。妊娠前期胎儿各组织器官处于分化形成阶段，营养上不必增加需要量，但要保证饲养的全价性，尤其是矿物元素和维生素A、维生素D和维生素E的供给。对于没有带犊的母牛，饲养上只考虑母牛维持和运动的营养需要量；对于带犊母牛，饲养上应考虑母牛维持、运动、泌乳的营养需要量。一般而言，以优质青粗饲料为主，精料为辅。胎儿的增重主要在妊娠的最后3个月，此期的增重占犊牛初生重的70%~80%，需要从母体供给大量营养，饲养上要注意增加精料量，多给蛋白质含量高的饲料。一般在母牛分娩前，至少要增重45~70

千克，才足以保证产犊后的正常泌乳与发情。

一、舍饲

舍饲时可一头母牛一个牛床，单设犊牛室；也可在母牛床侧建犊牛岛，各牛床间用隔栏分开。前一种方式设施利用率高，犊牛易于管理，但耗工；后一种方式设施利用率低，简便省事，节约劳动力。舍饲的牛舍要设运动场，以保证繁殖母牛有充足的光照和运动。

二、放牧

以放牧为主的肉牛业，青草季节应尽量延长放牧时间，一般可不补饲。枯草季节，根据牧草质量和牛的营养需要确定补饲草料的种类和数量；特别是在怀孕最后的 2~3 个月，如遇枯草期，应进行重点补饲，另外枯草期维生素 A 缺乏，注意补饲胡萝卜，每头每天 0.5~1 千克，或添加维生素 A 添加剂；另外应补足蛋白质、能量饲料及矿物质的需要。精料补量每头每天 1 千克左右。精料配方：玉米 50%，麦麸 10%，豆饼 30%，高粱 7%，石粉 2%，食盐 1%（图 4-5）。

图 4-5　肉牛繁殖母牛群

第四节　分娩期母牛的饲养管理

分娩期（围产期）是指母牛分娩前后各 15 天。这一阶段对母牛、胎犊和新生犊牛的健康都非常重要。围产期母牛发病率高，死亡率也高，因此必须加强护理。围产期是母牛经历妊娠至产犊至泌乳的生理变化过程，在饲养管理上有其特殊性。

一、产前准备

母牛应在预产期前 1~2 周进入产房。产房要求宽敞、清洁、保暖、环境安静，并在母牛进入产房前用 10% 石灰水粉刷消毒，干后在地面铺以清洁干燥、卫生（日光晒过）的柔软垫草。在产房临产母牛应单栏饲养并可自由运动，喂易消化的饲草饲料，如优质青干草、苜蓿干草和少量精料；饮水要清洁卫生，冬天最好饮温水。在产前要准备好用于接产和助产的用具、器具和药品，在母牛分娩时，要细心照顾，合理助产，严禁粗暴。为保证安全接产，必须安排有经验的饲养人员昼夜值班，注意观察母牛的临产症状，保证安全分娩。纯种肉用牛难产率较高，尤其初产母牛，必须做好助产工作。

母牛在分娩前 1~3 天，食欲低下，消化机能较弱，此时要精心调配饲料，精料最好调制成粥状，特别要保证充足的饮水。

二、临产征兆

随着胎儿的逐步发育成熟和产期的临近，母牛在临产前主要发生以下系列变化。

乳房。产前约半个月乳房开始膨大，一般在产前几天可以从乳头挤出黏稠、淡黄色液体，当能挤出乳白色初乳时，分娩可在 1~2 天内发生。

阴门分泌物。妊娠后期阴唇肿胀，封闭子宫颈口的黏液塞溶化，如发现透明索状物从阴门流出，则 1~2 天内将分娩。

塌沿。妊娠末期，骨盆部韧带软化，臀部有塌陷现象。在分娩前一两天，骨盆韧带充分软化，尾部两侧肌肉明显塌陷，俗称"塌沿"，这是临产的主要症状。

宫缩。临产前，子宫肌肉开始扩张，继而出现宫缩，母牛卧立不安，频频排出粪尿，不时回头，说明产期将近。

观察到以上情况后，应立即做好接产准备。

三、接产

一般胎膜小泡露出后 10~20 分钟，母牛多卧下（要使它向左侧卧）。当胎儿前蹄将胎膜顶破时，要用桶将羊水（胎水）接住，产后给母牛灌服 3.5~4 千克，可预防胎衣不下。正常情况下，是两前脚夹着头先出来；倘发生难产，应先将胎儿顺势推回子宫，矫正胎位，不可硬拉。倒生时，当两腿产出后，应及早拉出胎儿，防止胎儿腹部进入产道后脐带被压在骨盆底下，造成胎儿窒息死亡。若母牛阵缩、努责微弱，应进行助产。用消毒绳缚住胎儿两前肢系部，助产者双手伸入产道，大拇指插入胎儿口角，然后捏住下颚，乘母牛努责时，一起用力拉，用力方向应稍向母牛臀部后上方。但拉的动作要缓慢，以免发生子宫内翻或脱出。当胎儿腹部通过阴门时，用手捂住胎儿脐孔部，防止脐带断在脐孔内，并延长断脐时间，使胎儿获得更多的血液。母牛分娩后应尽早将其驱起，以免流血过多，也有利于生殖器官的复位。为防子宫脱出，可牵引母牛缓行 15 分钟左右，以后逐渐增加运动量。

四、产后护理

母牛分娩后，由于大量失水，要立即喂母牛以温热、足量的麸皮盐水（麸皮 1~2 千克，盐 100~150 克，碳酸钙 50~100 克，温水 15~20 千克），可起到暖腹、充饥、增腹压的作用。同时喂给母牛优质、嫩软的干草 1~2 千克。为促进子宫恢复和恶露排出，还可补给益母草温热红糖水（益母草 250 克，水 1 500 克，煎成水剂后，再加红糖 1 000 克，水 3 000 克），每日 1 次，连服 2~3 天。

胎衣一般在产后 5~8 小时排出，最长不应超过 12 小时。如果超过 12 小时，尤其是夏天，应进行药物治疗，投放防腐剂或及早进行剥离手术，否则易继发子宫内膜炎，影响今后的繁殖。可在子宫内投入 5%~10% 的氯化钠溶液 300~500 毫升或用生理盐水 200~300 毫升溶解金霉素、土霉素或氯霉素 2~5 克，注入子宫内膜和胎衣间。胎衣排出后应检查是否排出完全及有无病理变化，并密切注意恶露排出的颜色、气味和数量，以防子宫弛缓引起恶露滞留，导致疾病。

要防止母牛自食胎衣，以免引起消化不良。如胎衣在阴门外太长，最好打一个结，不让后蹄踩踏；严禁拴系重物，以防子宫脱出。对于挤奶的母牛，产后5天内不要挤净初乳，可逐步增加挤奶量。母牛产后一般康复期为2~3周。

母牛经过产犊，气血亏损，抵抗力减弱，消化机能及产道的恢复需要一段时间，而乳腺的分泌机能却在逐渐加强，泌乳量逐日上升，形成了体质与产乳的矛盾。此时在饲养上要以恢复母牛体质为目的。在饲料的调配上要加强其适口性，刺激牛的食欲。粗饲料则以优质干草为主。精料不可太多，但要全价，优质，适口性好，最好能调制成粥状，并可适当添加一定的增味饲料，如糖类等。对体弱母牛，在产犊3天后喂给优质干草，3~4天后可喂多汁饲料和精饲料。当乳房水肿完全消失时，饲料即可增至正常。如果母牛产后乳房没有水肿，体质健康粪便正常，在产犊后第一天就可喂给多汁饲料，到6~7天时，便可增加到足够喂量。要保持充足、清洁、适温的饮水。一般产后1~5天应饮给温水，水温37~40℃，以后逐渐降至常温。

产犊的最初几天，母牛乳房内血液循环及乳腺细胞活动的控制与调节均未正常，如乳房水肿严重，要加强乳房的热敷和按摩，每次挤奶热敷按摩5~10分钟，促进乳房消肿。

分娩后阴门松弛，躺卧时黏膜外翻易接触地面，为避免感染，地面应保持清洁，垫草要勤换。母牛的后躯阴门及尾部应用消毒液清洗，以保持清洁。加强监护，随时观察恶露排出情况，观察阴门、乳房、乳头等部位是否有损伤。每日测1~2次体温，若有升高及时查明原因进行处理。

第五节 哺乳母牛的饲养管理与产后配种

一、哺乳母牛的饲养管理

哺乳母牛的主要任务是多产奶，以供犊牛需要。母牛在哺乳期所消耗的营养比妊娠后期要多；每产1千克含脂率4%的奶，相当消耗 0.3~0.4 千克配合饲料的营养物质。1 头大型肉用母牛,在自然哺乳时,平均日产奶量可达 6~7 千克,产后 2~3 个月到达泌乳高峰;本地黄牛产后平均日产奶 2~4 千克,泌乳高峰多在产后 1 个月出现。西门塔尔等兼用牛平均日产奶量可达 10 千克以上,此时母牛如果营养不足,不仅产乳量下降,还会损害健康。

母牛分娩 3 周后,泌乳量迅速上升,母牛身体已恢复正常,应增加精料用量,日粮中粗蛋白含量以 10%~11% 为宜,应供给优质粗饲料。饲料要多样化,一般精、粗饲料各由 3~4 种组成,并大量饲喂青绿、多汁饲料,以保证泌乳需要和母牛发情。舍饲饲养时,在饲喂青贮玉米或氨化秸秆保证维持需要的基础上,补喂混合精料 2~3 千克,并补充矿物质及维生素添加剂。放牧饲养时,因为早春产犊母牛正处于牧地青草供应不足的时期,为保证母牛产奶量,要特别注意泌乳早期的补饲。除补饲秸秆、青干草、青贮料等,每天补喂混合精料 2 千克左右,同时注意补充矿物质及维生素。头胎泌乳的青年母牛除泌乳需要外,还需要继续生长,营养不足对繁殖力影响明显,所以一定要饲喂优良的禾本科及豆科牧草,精料搭配多样化。在此期间,应加强乳房按摩,经常刷拭牛体,促使母牛加强运动,充足饮水。

分娩 3 个月后,产奶量逐渐下降,母牛处于妊娠早期,饲养上可适当减少精料喂量,并通过加强运动、梳刮牛体、给足饮水等措施,加强乳房按摩及精细的管理,可以延缓泌乳量下降;要保证饲料质量,注意蛋白质品质,供给充足的钙磷、微量元素和维生素。这个时期,牛的采食量有较大增长,如饲喂过量的精料,极易造成母牛过肥,影响泌乳和繁殖。因此,应根据体况和粗饲料供应情况确定精料喂量,多供青绿多汁饲料。

二、产后配种

繁殖母牛在产后配种前应具有中上等膘情,过瘦过肥往往影响繁殖。在肉用母牛的饲养管理中,容易出现精料过多而又运动不足,造成母牛过肥,不发情。但在营养缺乏、母牛瘦弱的情况下,也会造成母牛不发情而影响繁殖。瘦弱母牛配种前 1~2 个月加强饲养,应适当补饲精料，提高受胎率。

母牛产后开始出现发情平均为产后 34 天（20～70 天）。但由于我国各种原因，1998 年张志胜等对河北大厂、赞皇、丰宁、抚宁等县西杂牛的调查，母牛产后第一次发情时间平均 138.5 天。一般母牛产后 1～3 个情期，发情排卵比较正常，随着时间的推移，犊牛体重增大，消耗增多，如果不能及时补饲，往往母牛膘情下降，发情排卵受到影响。因此，产后多次错过发情期，则情期受胎率会越来越低。如果出现此种情况，应及时进行直肠检查，摸清情况，慎重处理。

母牛出现空怀，应根据不同情况加以处理。造成母牛空怀的原因，有先天和后天两个方面。先天不孕一般是由于母牛生殖器官发育异常，如子宫颈位置不正、阴道狭窄、幼稚病、异性孪生的母犊和两性畸形等，先天性不孕的情况较少，在育种工作中淘汰那些隐性基因的携带者，就能加以解决。后天性不孕主要是由于营养缺乏、饲养管理不当及生殖器官疾病所致。

成年母牛因饲养管理不当造成不孕，在恢复正常营养水平后，大多能够自愈。在犊牛时期由于营养不良致生长发育受阻，影响生殖器官正常发育而造成的不孕，则很难用饲养方法补救。若育成母牛长期营养不足，则往往导致初情期推迟，初产时出现难产或死胎，并且影响以后的繁殖力。

另外改善饲养管理条件，增加运动和日光浴可增强牛群体质、提高母牛的繁殖能力。牛舍内通风不良，空气污浊，夏季闷热，冬季寒冷，过度潮湿等恶劣环境极易危害牛体健康，敏感的个体，很快停止发情。因此，改善饲养管理条件十分重要。

第五章　肉牛生态育肥技术

第一节　犊牛育肥技术

一、白牛肉生产技术

小白牛肉是指犊牛生后一般是将犊牛培育至6~8周龄体重90千克时屠宰，或18~26周龄，体重达到180~240千克屠宰。完全用全乳、脱脂乳、代用乳饲喂，生产白牛肉犊牛少喂或不喂其他饲料，因此白牛肉生产不仅饲喂成本高，牛肉售价也高，其价格是一般牛肉价格的2~10倍。

小白牛肉的肉质软嫩，味道鲜美，肉呈白色或稍带浅粉色，营养价值很高，蛋白质含量比一般的牛肉高，脂肪却低于普通牛肉，人体所需的氨基酸和维生素齐全，又容易消化吸收，属于高档牛肉（图5-1）。

图5-1　高档小白牛肉生产

小白牛肉的生产以荷兰最为突出。荷兰乳用品种牛肉占牛肉总产量的90%，其产的小白牛肉向多个国家出口，价格昂贵，以柔嫩多汁、味美色白而享誉世界。其他如欧共体、德、美、加、澳、日等国的发展也很快。

（一）小白牛肉分类

鲍布小牛肉：犊牛的屠宰年龄少于 4 周，屠宰活重 57 千克以下，其瘦肉颜色呈淡粉红色，肉质极嫩。

犊牛小牛肉：犊牛的屠宰年龄为 4~12 周龄，活重 57~140千克。

特殊饲喂小犊牛肉：犊牛全部饲喂给全乳或营养全价的代乳粉，直到 12~26 周龄，体重达到 150~240 千克屠宰。肉色为象牙白或奶油状的粉红，肉质柔软、有韧性，肉味鲜美。这种特殊饲喂的小白牛肉大约占美国小白牛肉产量的 85%，荷兰基本也采用此生产模式。

精料饲喂的小牛肉：犊牛前 6 周以牛乳为基础饲喂，然后喂以全谷物和蛋白的日粮，这种犊牛肉肉色较深，有大理石纹和可见的脂肪，屠宰年龄 5~6 月龄，活重 220~260 千克。

（二）小白牛肉生产的饲养模式

（1）单笼拴系饲养。传统的饲养方式，犊牛笼尺寸大多选用的是 64~74 厘米宽、176 厘米长的犊牛笼。其笼子地面多用条形板或是镀了金属的塑料铺设，其间有空隙，以便及时清除粪尿。笼前方有开口，可供犊牛将头伸出采食饲料和饮水。笼子两个侧面也是用条形板围成，用来防止犊牛之间的相互吮舔，整个牛笼后部和顶部均是敞开的，犊牛用 61~92 厘米长的塑料绳或者金属链子拴系到笼子前面，限制其自由活动（图 5-2）。

（2）单笼不拴系饲养。为了保证动物健康和福利，目前有些国家规定了犊牛的活动空间，一般每头牛位 1.8 平方米，在荷兰犊牛笼尺寸大多选用的是 80~100 厘米宽、180~200 厘米长的犊牛笼。地面多用条形木板。保证犊牛能够转身活动。

（3）圈舍群养。犊牛在条形板铺成的圈舍里群养，每头犊牛所占面积 1.3~1.8 平方米不等，在此种饲喂模式下，犊牛在进入育肥场后，将每头牛拴系起来进行饲喂，6~8 周以后，只在每天喂料的30 分钟里将犊牛拴系起来，其他时间让其自由活动。地面选用条形板或者铺放干草垫，在地面铺放干草垫时，给犊牛戴上了口罩，防

图 5-2　单笼拴系饲养

止其采食干草。

（4）群饲与单独饲养结合模式（荷兰饲养模式）。犊牛在前 8 周采取小圈群饲，5 头一圈，共约 9 平方米；8 周后每头单独饲养，每头牛位 1.8 平方米。

（三）犊牛的选择

生产白牛肉的犊牛品种很多，肉用品种、乳用品种、兼用品种或杂交种牛犊都可以。目前以前期生长速度快、牛源充足、价格较低的奶牛公犊为主，且便于组织生产。奶牛公犊一般选择初生重不低于 40 千克、无缺损、健康状况良好的初生公牛犊。体质良好，最好为母牛两产以上所生的犊牛。体形外貌应选择头方嘴大、前管围粗壮、蹄大的犊牛。

（四）育肥方法

（1）全乳或代乳粉。传统的白牛肉生产，由于犊牛吃了草料后肉色会变暗，不受消费者欢迎，为此犊牛肥育不能直接饲喂精料、粗料，应以全乳或代乳品为饲料。1 千克牛肉约消耗 10 千克牛乳，很不经济，因此，近年来采用代乳料加人工乳喂养越来越普遍。采用代乳料和人工乳喂养，平均每生产 1 千克小白牛肉需 1.3 千克的干代乳料或人工乳。不同代乳料间质量差异很大，主要与脂质水平和蛋白源相关（植物源蛋白、动物血清、鸡蛋蛋白及乳源蛋白）。4 周龄前的犊牛不能有效消化植物源蛋白，因此不能仅为了节省成本而冒险使用低质代乳料。

（2）荷兰标准化的犊牛白肉育肥体系。在荷兰，一般的奶公犊出生后吃足初乳，在奶牛场饲养 2~5 周后送往犊牛选择与配送中心，按周龄和体重分组后直接送往育肥场，仅范德利集团在荷兰就有 35 家选配中心。为了减少运输应激，荷兰本国内的犊牛运输，本着就近的原则，一般不超过 2.5 小时的路途。运输车辆一般采用箱式设计，上、下两层，侧面有小窗和排风扇。路途较远的运输车辆装有空调系统。运输前后饮水中加糖，运到后第 1 周所有犊牛在代乳粉中加入抗生素（土霉素+阿莫西林）预防疾病。

育肥场一般是自愿加入范德利集团合作组织的农户，每户存栏一般 2~3 栋育肥牛舍，每栋 800 头左右。由于机械化程度较高，农户只需饲养管理人员 1~2 人，不雇用其他人员。犊牛能接触的所有设施都不含有铁，如木质漏缝地板、犊牛栏采用不锈钢材料制作。每栋育肥舍包括饲料间（代乳粉搅拌器等设施，由管道通往牛舍）、管理间（电脑管理系统）和牛舍等。

2~5 周龄的犊牛直接运到农户育肥场后便进入了范德利集团标准化的管理中。统一供给代乳粉（每头牛大约需要 360 千克代乳粉）和精饲料。每天 2 次代乳粉，使用自动计量的管道式加奶装置。代乳粉参考配方：乳清 70%、脂肪 20%、植物（大豆）蛋白 10%。4 周开始补固体料，精粗比（90：10）~（85：25）（4 周开始每天 200 克到 16 周 1 千克，20 周以后 2 千克），每天 2 次精粗饲料，精粗饲料主要有压片玉米、大麦、黄豆、青贮、麦秸等。所有饲料均为低铁饲料，控制维生素 A 40 毫克/千克。

育肥场管理精细，奶桶和补料槽分开。为了预防犊牛肚胀，奶桶配有自动漂浮的奶嘴，供犊牛吸吮代乳粉，有利于食管沟反射。代乳粉对热水温度 65~75℃，喂牛控制温度在 40~42℃。出栏在 26 周，体重 240 千克左右，胴体重 140 千克左右，净肉重 100 千克左右。由于管理完善，整个育肥期腹泻率 5%~10%，死亡率 3% 以下。

（五）小白牛肉生产中常见的问题

（1）笼养犊牛食欲下降。在单笼拴系饲养条件下，圈舍狭窄的设计严重限制了犊牛的自身的运动，并阻止了犊牛之间的相互联系，造成犊牛精神消沉，产生慢性应激，进而会导致犊牛食欲的降低。

（2）笼养犊牛消化问题。如果只喂牛乳而不喂饲草，会抑制犊牛瘤胃发育。因此常出现多数时间在舔食可以接触到的任何物品，过度地舔食自己所能接触到的身体部位，造成大量的牛毛进入瘤胃，进而形成毛球，有可能会阻塞食物通道。对犊牛进行人工抚摸和让其舔食手指可以减轻以上症状。

（3）群饲易发生的疾病。其一，群饲容易舔食其他牛的耳朵、脐带和阴茎，这些不良行为通常会造成舔食部位发炎和感染；其二，犊牛喝其他牛的尿也会影响其消化代谢和健康；其三，群养条件下的犊牛之间接触比较紧密，增加了疾病的传染的可能性，主要的疾病是肠炎和呼吸道疾病，另外，群养犊牛接受疾病治疗比较困难。

（4）贫血。日粮中铁的缺乏会造成犊牛贫血，造成犊牛对外界应激做出反应比较困难，影响犊牛的健康。铁的缺乏还会造成血中血红蛋白含量减少，造成动物机体摄入的氧气不足，进而加重心血管系统的负荷。此外，日粮中铁的缺乏还易导致犊牛酸中毒。单笼饲养的犊牛贫血发病率比群养犊牛高。

（六）犊牛腹泻预防和治疗

预防措施：吃足初乳，增强抗病力；保持牛床干燥、常消毒，可防止细菌、病毒、球虫等引起的腹泻。

治疗：能吃奶的犊牛给予其电解质补充液（复方生理盐水+糖+小苏打）；或在乳中加入庆大霉素，2～3支，3次/天。不能吃奶的犊牛给予静脉注射，5%糖盐水+5%小苏打+抗生素（庆大等）。

二、小牛肉生产技术

小牛肉是犊牛出生后饲养至7~8月龄或12月龄以前，以乳和精料为主，辅以少量干草培育，体重达到300~450千克所产的肉，称为"小牛肉"。小牛肉分大胴体和小胴体。犊牛育肥至7～8月龄，体重达到250~300千克，屠宰率58%～62%，胴体重130~150千克称小胴体。如果育肥至8~12月龄屠宰活重达到350千克以上，胴体重200千克以上，则称为大胴体。西方国家目前的市场动向，大胴体较小胴体的销路好。牛肉品质要求多汁，肉质呈淡粉红色，胴体表面均匀覆盖一层白色脂肪。为了使小牛肉肉色发红，许多育肥场在全乳或代用乳中补加铁和铜，并且可以提高肉质和减少犊牛疾病的发生。犊牛肉蛋白质比一般牛肉高 27.2%～63.8%，而脂肪却低 95% 左右，并且人体所需的氨基酸和维生素齐全，是理想的高档牛肉，发展前景十分广阔。

（一）犊牛品种的选择

生产小牛肉应尽量选择早期生长发育速度快的牛品种，因此，肉用牛的公犊和淘汰母犊是生产小牛肉的最好选材。在国外，奶牛公犊也是被广泛利用生产小牛肉的原材料之一。目前在我国还没有专门化肉牛品种的条件下，应以选择黑白花奶牛公犊和肉用牛与本地牛杂种犊牛为主。

（二）犊牛性别和体重的选择

生产小牛肉，犊牛以选择公犊牛为佳，因为公犊牛生长快，可以提高牛肉生产率和经济效益。体重一般要求初生重在 35 千克以上，健康无病，无缺损。

（三）育肥技术

小牛肉生产实际是育肥与犊牛的生长同期。犊牛出生后 3 天内可以采用随母哺乳，也可采用人工哺乳，但出生 3 日后必须改由人工哺乳，1 月龄内按体重的 8%～9% 喂给牛奶。精料量从 7～10 日龄开始习食后逐渐增加到 0.5～0.6 千克，青干草或青草任其自由采食。1 月龄后喂奶量保持不变，精料和青干草则继续增加，直至育肥到 6 月龄为止。可以在此阶段出售，也可继续育肥至 7～8 月龄或 1 周岁出栏。出栏时期的选择，根据消费者对小牛肉口味喜好的要求而定，不同国家之间并不相同。

在国外，为了节省牛奶，更广泛采用代乳料。在采用全乳还是代用乳饲喂时，国内可根据综合的支出成本高低来决定采用哪种类型。因为代乳品或人工乳如果不采用工厂化批量生产，其成本反而会高于全乳。所以在小规模生产中，使用全乳喂养可能效益更好。

第二节　直线育肥技术

直线育肥也称持续育肥，是指犊牛断奶后，立即转入育肥阶段进行育肥，直到出栏。持续育肥由于在饲料利用率较高的生长阶段保持较高的增重，缩短了生产周期，较好地提高了出栏率，故总效率高，生产的牛肉肉质鲜嫩，改善了肉质，满足市场高档牛肉的需求。是值得推广的一种方法。

一、舍饲持续育肥技术

持续育肥应选择肉用良种牛或其改良牛，在犊牛阶段采取较合理的饲养，使其平均日增重达到 0.8~0.9 千克，180 日龄体重达到 200 千克进入育肥期，按日增重大于 1.2 千克配制日粮，到 12 月龄时体重达到 450 千克。可充分利用随母哺乳或人工哺乳：0~30 日龄，每日每头全乳喂量 6~7 千克；31~60 日龄，8 千克；61~90 日龄，7 千克；91~120 日龄，4 千克。在 0~90 日龄，犊牛自由采食配合料（玉米 63%、豆饼 24%、麸皮 10%、磷酸氢钙 1.5%、食盐 1%、小苏打 0.5%）。此外，每千克精料中加维生素 A 0.5 万~1 万国际单位。91~180 日龄，每日每头喂配合料 1.2~2.0 千克。181 日龄进入育肥期，按体重的 1.5%喂配合料，粗饲料自由采食。

二、放牧舍饲持续育肥技术

夏季水草茂盛，也是放牧的最好季节，充分利用野生青草的营养价值高、适口性好和消化率高的优点，采用放牧育肥方式（图5-3）。当温度超过 30℃，注意防暑降温，可采取夜间放牧的方式，提高采食量，增加经济效益。春、秋季应白天放牧，夜间补饲一定量青贮、氨化、微秸秆等粗饲料饲料和少量精料。冬季要补充一定的精料，适当增加能量饲料，提高肉牛的防寒能力，降低能量在基础代谢上的比例。

放牧加补饲持续育肥技术。在牧草条件较好的牧区，犊牛断奶后，以放牧为主，根据草场情况，适当补充精料或干草，使其在 18

图 5-3　育肥前期放牧管理

日龄体重达 400 千克。要实现这一目标，犊牛在哺乳阶段，平均日增重应达到 0.9~1 千克，冬季日增重保持 0.4~0.6 千克，第二个夏季日增重在 0.9 千克。在枯草季节，对育肥牛每天每头补喂精料 1~2 千克。放牧时应做到合理分群，每群 50 头左右，分群轮牧。我国 1 头体重 120~150 千克牛需 1.5~2 公顷草场，放牧育肥时间一般在 5—11 月，放牧时要注意牛的休息、饮水和补盐。夏季防暑，狠抓秋膘。

　　放牧—舍饲—放牧持续育肥技术。此法适应于9—11月出生的秋犊。犊牛出生后随母牛哺乳或人工哺乳，哺乳期日增重 0.6 千克，断奶时体重达到 70 千克。断奶后以喂粗饲料为主，进行冬季舍饲，自由采食青贮料或干草，日喂精料不超过 2 千克，平均日增重 0.9 千克。到 6 月龄体重达到 180 千克。然后在优良牧草地放牧（此时正值 4—10 月），要求平均日增重保持 0.8 千克。到 12 月龄可达到 325 千克。转入舍饲，自由采食青贮料或青干草，日喂精料 2~5 千克，平均日增重 0.9 千克，到 18 月龄，体重达 490 千克。

第三节　高档牛肉生产技术

　　随着消费水平的提高，人们对高档牛肉和优质牛肉的需求急剧增加，育肥高档肉牛，生产高档牛肉，具有十分显著的经济效益和广阔的发展前景。为达到高的高档牛肉量、高屠宰率，在肉牛的育肥饲养管理技术上有着严格的要求（图5-4）。

图 5-4　高档黄牛育肥生产

一、高档牛肉的基本要求

所谓高档牛肉，是指能够作为高档食品的优质牛肉，如牛排、烤牛肉、肥牛肉等。优质牛肉的生产，肉牛屠宰年龄在 12～18 月龄的公牛，屠宰体重 400～500 千克。高档牛肉的生产，屠宰体重 600 千克以上，以阉牛育肥为最好；高档牛肉在满足牛肉嫩度剪切值 3.62 千克以下、大理石花纹 1 级或 2 级、质地松弛、多汁色鲜、风味浓香的前提下，还应具备产品的安全性即可追溯性以及产品的规模化、标准化、批量化和常态化。高档肉牛经过高标准的育肥后其屠宰率可达 65%～75%，其中高档牛肉量可占到胴体重的 8%～12%，或是活体重的 5% 左右。85% 的牛肉可作为优质牛肉，少量为普通牛肉。

（一）品种与性别要求

高档牛肉的生产对肉牛品种有一定的要求，不是所有的肉牛品种，都能生产出高档牛肉。经试验证明某些肉牛品种如西门塔尔、婆罗门等品种不能生产出高档牛肉。目前国际上常用安格斯、日本和牛、墨累灰等及以这些品种改良的肉牛作为高档牛肉生产的材料。国内的许多地方品种如秦川牛、晋南牛、鲁西牛、南阳牛、延边牛、郏县红牛、复州牛、渤海黑牛（图 5-5）、草原红牛、新疆褐牛、三河牛、科尔沁牛等品种适合用于高档牛肉的生产。或用地方优良品种导入能生产高档牛肉的肉牛品种生产的杂交改良牛可用于高档牛肉的生产。

图 5-5　渤海黑牛母牛

生产高档牛肉的公牛必须去势，因为阉牛的胴体等级高于公牛，而阉牛又比母牛的生长速度快。母牛的肉质最好。

(二) 育肥时间要求

高档牛肉的生产育肥时间通常要求在 18~24 个月，如果育肥时间过短，脂肪很难均匀地沉积于优质肉块的肌肉间隙内，如果育肥牛年龄超过 30 月龄，肌间脂肪的沉积要求虽达到了高档牛肉的要求，但其牛肉嫩度很难达到高档牛肉的要求。

(三) 屠宰体重要求

屠宰前的体重到达 600~800 千克，没有这样的宰前活重，牛肉的品质达不到高档级标准。

二、育肥牛营养水平与饲料要求

7~13 月龄日粮营养水平：粗蛋白 12%~14%，消化能 3.0~3.2 兆卡/千克，或总可消化养分在 70%。精料占体重 1.0%~1.2%，自由采食优质粗饲料。

14~22 月龄日粮营养水平：粗蛋白 14%~16%，消化能 3.3~3.5 兆卡/千克，或者总可消化养分 73%。精料占体重 1.2%~1.4%，用青贮和黄色秸秆搭配粗饲料。

23~28 月龄日粮营养水平：日粮粗蛋白 11%~13%，消化能 3.3~3.5 兆卡/千克，或者总可消化养分 74%，精料占体重 1.3%~1.5%，此阶段为肉质改善期，少喂或不喂含各种能加重脂肪组织颜色的草料，例如黄玉米、南瓜、红胡萝卜、青草等。改喂使脂肪白而坚硬的饲料，例如麦类、麸皮、麦糠、马铃薯和淀粉渣等，粗料最好用含叶绿素、叶黄素较少的饲草，例如玉米秸、谷草、干草等。在日粮变动时，要注意做到逐渐过渡。一般要求精料中麦类大于25%、大豆粕或炒制大豆大于8%，棉粕（饼）小于3%，不使用菜籽饼（粕）。

按照不同阶段制定科学饲料配方，注意饲料的营养平衡，以保证牛的正常发育和生产的营养需要，防止营养代谢障碍和中毒疾病的发生。

三、高档牛肉育肥牛的饲养管理技术

（一）育肥公犊标准和去势技术

标准犊牛：①胸幅宽，胸垂无脂肪、呈V字形；②育肥初期不需重喂改体况；③食量大、增重快、肉质好；④闹病少。不标准犊牛：①胸幅窄，胸垂有脂肪、呈U字形；②育肥初期需要重喂改体况；③食量小、增重慢、肉质差；④易患肾、尿结石，突然无食欲，闹病多。

用于生产高档牛肉的公犊，在育肥前需要进行去势处理，应严格在4~5月龄（4.5月龄阉割最好），太早容易形成尿结石，太晚影响牛肉等级。

（二）饲养管理技术

（1）分群饲养。按育肥牛的品种、年龄、体况、体重进行分群饲养，自由活动，禁止拴系饲养（图5-6）。

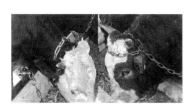

图5-6　肉牛拴系育肥饲养

（2）改善环境、注意卫生。牛舍要采光充足，通风良好。冬天

防寒，夏天防暑，排水通畅，牛床清洁，粪便及时清理，运动场干燥无积水。要经常刷拭或冲洗牛体，保持牛体、牛床、用具等的清洁卫生，防止呼吸道、消化道、皮肤及肢蹄疾病的发生。舍内垫料多用锯末子或稻皮子。饲槽、水槽3~4天清洗1次。

（3）充足给水、适当运动。肉牛每天需要大量饮水，保证其洁净的饮用水，有条件的牛场应设置自动饮水装置。如由人工喂水，饲养人员必须每天按时供给充足的清洁饮水。特别在炎热的夏季，供给充足的清洁饮水是非常重要的。同时，应适当给予运动，运动可增进食欲，增强体质，有效降低前胃疾病的发生。沐浴阳光，有利育肥牛的生长发育，有效减少佝偻病发生。

（4）刷拭、按摩。在育肥的中后期，每天对育肥牛用毛刷、手对其全身进行刷拭或按摩2次，来促进体表毛细血管血液的流通量，有利于脂肪在体表肌肉内均匀分布，在一定程度上能提高高档牛肉的产量，这在高档牛肉生产中尤为重要，也是最容易被忽视的细节。

四、屠宰

优质和高档牛肉的生产加工工艺流程，膘情评定→检疫→称重→淋浴→倒吊→击昏→放血→剥皮（去头、蹄和尾巴）→去内脏→胴体劈半→冲洗→修整→称重→冷却→排酸成熟→剔骨分割、修整→包装。

第六章　奶牛饲养管理

第一节　犊牛的饲养管理

犊牛是指出生后6月龄以内的小牛（图6-1）。通常又分为哺乳期犊牛（0~2月龄）和断奶后犊牛（3~6月龄）。犊牛的饲养是奶牛生产的第一步，提高犊牛成活率，培养健康的犊牛群，给育成期牛的生长发育打下良好基础。加强犊牛培育是提高牛群质量、创建高产牛群的重要环节。

图6-1　乳用犊牛

一、乳用犊牛培育的目标

（一）提供良好的培育条件

犊牛培育的好坏，直接影响到成年乳牛的体型及生产性能。犊牛从其父母双亲处继承来的优秀遗传基因只有在适当的条件下才能表现出来；通过改善培育条件，才能使犊牛的良好性能得到发挥，加快奶牛育种进度，提高整个奶牛群的质量。

（二）提供营养丰富的日粮，保持良好的乳用体型

犊牛日粮营养应丰富，但不能使犊牛过胖。恰当使用优质粗料，促进犊牛消化机制的形成和消化器官的发育，锻炼犊牛的消化机能，使其成年后能适应采食大容积精粗饲料的需要。

（三）加强犊牛的护理和运动，实现全活、全壮

新生犊牛出生后对外界环境的抵抗力差，机体的免疫机能尚未形成，容易遭受呼吸道和消化道疾病的侵袭。因此，应精心护理初生犊牛，预防疾病和促进机体的防御机制的发育，减少犊牛死亡，成活率保证95%以上；适当的运动不仅有利于发育，而且有利于锻炼四肢，防止蹄病。

（四）适时断奶，减少断奶应激，保证正常生长发育

断奶后的犊牛以优质青粗饲料为主，强调控制精料量，使犊牛的体型向乳用方向发展，并适于繁殖。犊牛期的平均日增重应达到680~750克；满6月龄犊牛的体重170~180千克，胸围124厘米，体高106厘米。

二、新生犊牛的护理

犊牛出生后，立刻用干草或干净的抹布或毛巾清除口腔、鼻孔内的黏液，擦干身体上的黏液。并将分娩母牛与新生犊牛分开，减少应激，转入产房温室（最低温度在10℃以上），待到犊牛身上的毛全部干透以后转到犊牛笼中，减少低温对犊牛的刺激。如犊牛生后不能马上呼吸，可握住犊牛的后肢将犊牛吊挂并拍打胸部，使犊牛吐出黏液。如发生窒息，应及时进行人工呼吸，同时可配合使用刺激呼吸中枢的药物。

犊牛出生后，脐带的剪断和消毒是很重要的一步，能避免犊牛脐带炎的发生。犊牛出生后用消毒剪刀在距腹部6~8厘米处剪断脐带，将脐带中的血液和黏液向两端挤挣，用5%~10%碘酊药液浸泡

2~3分钟即可，切记不要将药液灌入脐带内。从产房转出之后再次消毒。断脐不要结扎，以自然脱落为好。另外，剥去犊牛软蹄。犊牛想站立时，应帮助其站稳。

称量体重，按牛场编号规则打耳标，填写相关记录。

三、常乳期犊牛的饲养

初乳期结束到断奶称为常乳期。这一阶段是犊牛体尺体重增长及胃肠道发育最快的时期，尤以瘤网胃的发育最为迅速，此阶段的饲养是由真胃消化向复胃消化转化、由饲喂奶品向饲喂草料过渡的一个重要时期。此阶段犊牛的可塑性很大，是培养优秀奶牛的最关键时刻。

（一）哺乳管理

1. 哺乳原则

犊牛经过5~7天的初乳期后，即可开始饲喂常乳，从10~15天开始，可由母乳改喂混合乳。初乳、常乳、混合乳的变更应注意逐渐过渡（4~5天），以免造成消化不良，食欲不振。同时做到定质、定量、定温、定时饲喂（图6-2）。

图6-2 哺乳

定质是指乳汁的质量，为保证犊牛健康，最忌喂给劣质或变质的乳汁，如母牛产后患乳房炎，其犊牛可喂给产犊时间基本相同的健康母牛的乳汁。

定量是指按饲养方案标准合理投喂食物，1~2周龄犊牛，每天喂奶量为体重的1/10；3~4周龄犊牛，每天喂奶量可为其体重的1/8；5~6周龄为1/9；7周龄以后为1/10或逐渐断奶。

定温指饲喂乳汁的温度。出生后头几周控制牛奶的温度十分重要。奶温应保持恒定，不能忽冷忽热。冷牛奶比热牛奶更易引起消化紊乱。加热温度太高，初乳会出现凝固变质，同时高温饮食可使犊牛消化道黏膜充血发炎。故应采用水浴加热。饲喂乳汁的温度，一般夏天掌握在36~38℃；冬天38~40℃。出生后的第一周，所喂牛奶的温度必须与体温相近（39℃），但是对稍大些的小牛所喂牛奶的温度可低于体温（25~30℃）。

定时指两次饲喂之间的间隔时间，一般间隔8小时左右，每天最好饲喂两次相等量的牛奶，每次饲喂量占体重的4%~5%。如饲喂间隔时间太长，下次喂奶时容易发生暴饮，从而将闭合不全的食管沟挤开，使乳汁进入尚未发育完善的瘤胃而引起异常发酵，导致腹泻。但间隔时间过短，如在喂奶6小时之内犊牛又吃奶，则形成的新乳块就会包在未消化完的旧乳块残骸外面，容易引起消化不良。如将犊牛每天所需的牛奶量一次喂给，饲喂量就会超过犊牛真胃的容积，多余的牛奶就会反流到瘤胃中并造成消化紊乱（例如臌气）。

全奶因可能含有有害菌，建议使用巴氏法消毒后饲喂。也有专家建议用紫外线消毒，可以避免营养物质的损失。

2. 哺乳方法

可采用哺乳壶哺乳法。

目前在欧洲，韩国、日本正在使用"21日龄自动喂乳设施（哺育机）"——犊牛饲喂站饲养。每天把代乳粉根据一定比例倒入自动饲喂器，每头犊牛的脖子上都配有一个自动喂奶识别系统，可以每头犊牛每天喂7.5千克。一个犊牛饲喂站可同时饲喂120头犊牛，56~60日龄断奶。

（二）犊牛的断奶

断奶应在犊牛生长良好并至少摄入相当于其体重1%的犊牛料时

进行，较小或体弱的犊牛应继续饲喂牛奶。根据月龄、体重、精料采食量和气候条件确定断奶的时间。目前国外多在8周龄断奶，我国的奶牛场多在2~3月龄断奶。在断奶前的半个月，逐渐增加精饲料和粗饲料的饲喂量，每天喂奶的次数由3次变为2次，开始断奶时由2次逐渐改为1次，然后再隔1日或2日喂奶一次，视犊牛体况而定。直至犊牛连续3日可采食精料量达1千克后方可断奶。一般按出生重的10%

饲喂量。断奶后，犊牛继续留在犊牛栏饲喂1~2周，减少环境变化应激。断奶后，继续饲喂同样犊牛料和优质干草，减少饲料变化应激。防疫注射应当在断奶前一周完成。断奶后，犊牛料采食量应在1周内加倍，最高不要超过2千克/（头·天）。断奶转群后，应当一小群饲养（7~10头），给予换料过渡期。保证充足饮水。

四、断奶犊牛（断奶至6月龄）的饲养

断奶后，犊牛继续饲喂断奶前的精、粗饲料，逐渐增加精料喂量，3~4月龄时增至每天1.5~2千克，粗料差时可提高至2.5千克左右。选择优质干草、苜蓿，少喂青贮和多汁料。4~6月龄，改为育成牛精饲料。要兼顾营养和瘤胃发育的需要，调整精粗料比例。3~6月龄犊牛的日粮粗饲料比例一般应为40%~80%。并保持中性洗涤纤维不低于30%。断奶犊牛精饲料参考配方：玉米50%~55%，豆粕（饼）30%~35%，麸皮5%~10%，饲用酵母3%~5%，碳酸氢钙1%~2%，食盐1%。此阶段母犊生长速度以日增重650克以上、4月龄体重110千克、6月龄体重170千克以上比较理想。

五、犊牛的管理

（一）犊牛栏（岛）

哺乳犊牛最适宜温度为12~15℃，最低为3~6℃，最高为25~27℃。犊牛刚出生时对疾病没有任何抵抗力，应放在干燥、避风处，保持良好的卫生环境，不直接接触其他动物，采取单栏内饲养，以降低发病率。犊牛栏（图6-3）的通风要良好，忌贼风，栏内要干

燥、忌潮湿，阳光充足。冬季注意保温，夏季要有降温设施。犊牛栏应保证每天清洗、消毒，经常打扫。犊牛垫料要吸湿性良好，隔热保温能力强，厚度10~15厘米。并做及时更换垫草，保持干燥。沙子保温性能较差，不适合小犊牛。一旦犊牛被转移到其他地方，牛栏必须清洁消毒。放入下一头犊牛之前，此牛栏应放空至少3~4周。

图6-3　犊牛栏

犊牛期要有一定的运动量，从10~15日龄起应该有一定面积的活动场地（2~3平方米）。在寒冷地区，可在相对封闭的牛舍内建造单栏进行培育。在气候较温和的地区和季节，可采用露天单笼培育。

犊牛栏的建议尺寸：宽1~1.2米，长2.2~2.4米，高1.2~1.4米。位置坐北向南，要排水良好。舍外设置围栏，作为犊牛运动场，每头犊牛占用面积5平方米。国外常用塑料或玻璃钢（玻璃纤维）一次压制成型的犊牛栏，在国内已有生产。

（二）饲养模式

犊牛的饲养模式有以下3种。一是犊牛出生直至断奶后10天，采取单栏饲养，并注意观察犊牛的精神状况和采食量。二是初乳期实行单栏饲养，之后采取群栏饲养的做法，比较节省劳力，但疾病传播的机会增加。三是出生到1月龄采取单栏饲养，1月龄后群饲，并根据月龄和体重相近的原则分群，每群10~15头，避免个体差异太大造成采食不均。

第二节　育成牛的饲养管理与初次配种

育成牛是指 7 月龄到配种前的母牛。育成期是母牛体尺和体重快速增加的时期，饲养管理不当会导致母牛体躯狭浅，四肢细高，达不到培育的预期要求，从而影响以后的泌乳和利用年限。育成期良好的饲养管理可以部分补偿犊牛期受到的生长抑制，因此，从体型、泌乳和适应性的培育来讲，应高度重视育成期母牛的饲养管理。

一、育成牛的生长发育特点

（一）瘤胃发育迅速

随着年龄的增长，瘤胃功能日趋完善，7～12 月龄的育成牛瘤胃容量大增，利用青粗饲料能力明显提高，12 月龄左右接近成年水平。正确的饲养方法有助于瘤胃功能的完善。

（二）生长发育快

此阶段是牛的骨骼、肌肉发育最快时期，7～8 月龄以骨骼发育为中心，7～12 月龄期间是增长强度最快阶段，生产实践中必须利用好这一特点。如前期生长受阻，在这一阶段加强饲养，可以得到部分补偿。

（三）体型变化大

6～24 月龄如以鬐甲高度增长为 100，则尻高增长为 99%，体长为 126%，胸宽和胸深为 138%，腰宽为 164%，坐骨宽为 200%，这样的比例是发育正常的标志。科学的饲养管理有助于塑造乳用性能良好的体型。

（四）生殖机能变化大

一般情况下 9～12 月龄的育成牛，体重达到 250 千克、体长 113 厘米以上时可出现首次发情。10～12 月龄性成熟。13～14 月龄的育成牛正是进入体成熟的时期，生殖器官和卵巢的内分泌功能更趋健全，发育正常者体重可达成年牛的 60%～70%。

二、育成母牛饲养管理

（一）育成母牛的饲养

7月龄到初次配种的育成牛的日粮粗饲料比例一般应为50%～90%，具体比例视粗饲料质量而定。如果低质粗饲料用量过高，可能导致瘤网胃过度发育而营养不足，体格发育不好"肚大、体矮"，成年时多数为"短身牛"。若用低质粗饲料饲喂年龄稍大些的育成牛，日粮配方中应补充足够量的精饲料和矿物质。精饲料中所含粗蛋白比例取决于粗饲料的粗蛋白含量。一般来讲，用来饲喂育成牛的精料混合料的粗蛋白含量达16%基本可以满足需要。控制饲料中能量饲料含量，能量过高，母牛过肥，乳腺脂肪堆积，乳腺细胞减少20%以上，影响乳腺发育和日后泌乳（图6-4）。

图6-4 育成母牛的饲养

为育成牛提供全天可自由采食的日粮，最少也要有自由采食的粗饲料。全天空槽时间最好不要超过3小时。育成牛采食大量粗饲料，必须供应充足的饮水。

（二）育成母牛的管理

（1）分群。定期整理牛群，防止大小牛混群，造成强者欺负弱者，出现僵牛。母牛分群饲养，7～12月龄牛为一个群，14～15月龄初配的为另一群。

（2）运动。育成牛正处于生长发育的旺盛阶段，要特别注意充分运动，以锻炼和增强牛的体质，保证健康。现有拴系方法影响发育。采用散养方式，运动时间比较充足，户外运动使其体壮胸阔，心肺发达，食欲旺盛。如果精料过多而运动不足，容易发胖，体短肉厚个子小，早熟早衰，利用年限短，产奶量低。

在舍饲条件下，每天应至少有 2 小时以上的运动。冬季和雨季晴天时要尽量外出自由运动，不仅可增强体质，还可使牛接受日光照射，使皮下脱氢胆固醇转化为维生素 D_3，进而促进钙、磷的有效吸收和沉积，以利于母牛的骨骼生长。

（3）刷拭与修蹄。对犊牛全身进行刷拭有以下好处：一是可促进皮肤血液循环，有益犊牛健康和皮肤发育；二是可保持体表干净，减少体内外寄生虫病；三是可以培养母牛温驯的性格。刷拭时可用软毛刷，必要时辅以硬质刷子，但用劲宜轻，以免损伤皮肤。每天刷拭 1~2 次，每次不少于 5 分钟。育成牛生长速度快，蹄质较软，易磨损。从 10 月龄开始，每年春、秋季节应各修蹄一次。

（4）乳房按摩。热敷乳房，可促进育成母牛乳腺的发育和产后泌乳量的提高。12 月龄以后的育成牛每天即可按摩一次乳房，用热毛巾轻轻揉擦，避免用力过猛。

（5）称重、测量体尺。每月称重，并测量 12 月龄、15 月龄、16 月龄体尺。生长发育评估若发现异常，应立即查明原因，采取措施。

第三节　干奶牛的饲养管理

进入妊娠后期，停止挤奶到产犊前 15 天，称为干奶期。干奶期是奶牛饲养的一个重要环节。干乳方法的好坏，干乳期的长短以及干乳期规范化的饲养管理对于胎儿的发育，母牛的健康以及下一个泌乳期的产奶量有着直接的关系。

一、干奶期的作用

（一）有利于胚胎的发育

在妊娠后期，胎儿增重加大，需要较多营养供胎儿发育，实行干乳期停乳，有利于胚胎的发育，为生产出健壮的牛犊做准备。

（二）使乳腺组织得到更新

泌乳母牛由于长期泌乳，乳腺上皮细胞数减少，进入干奶期时，旧的腺细胞萎缩，临近产犊时新的乳腺细胞重新形成，且数量增加，从而使乳腺得以修复、增殖、更新。为下一个泌乳周期的泌乳活动打下基础，可以提高下一泌乳期的产奶量。

（三）有利于母牛体质的恢复

可补偿母牛长期泌乳而造成的体内养分的损失（特别是有些母牛如在泌乳期营养为负平衡），恢复牛体健康，使母牛怀孕后期得以充分休息。但不能把干乳期母牛喂得过肥。

二、干奶的方法

干乳时不能患乳房炎，如有乳房炎需治愈后再干乳。干奶的方法一般可分为逐渐干奶法、快速干奶法和骤然干奶法3种。

（一）逐渐干奶法

逐渐干奶法一般需要10~15天时间。从干奶的第1天开始，逐渐减少精料喂量，停喂多汁料和糟渣料，多喂干草，同时改变饲喂时间，控制饮水量，加强运动；打乱奶牛生活泌乳规律，变更挤奶时间，逐渐减少挤奶次数，停止运动和乳房按摩，改日3次为2次，2次为1次乃至隔日挤奶，此时，每次挤奶应完全挤净，到最后一次挤2~3千克奶时挤净，然用2瓶普通青霉素+2瓶链霉素+40毫升蒸馏水，溶解后注射分别注入4个乳区，向4个乳头注入红霉素（或金霉素）眼膏封闭乳头管，最后用火棉胶涂抹于乳头孔处封闭乳头孔，以减少感染机会。以后随时注意乳房情况。

（二）快速干奶法

快速干奶是在4~7天内停奶。一般多用于中低产奶牛。快速干奶法的具体做法是从干奶的第1天开始，适当减少精料，停喂青绿多汁饲料，控制饮水量，减少挤奶的次数和打乱挤奶时间。开始干奶的第1天由日挤奶3次改为日挤奶1次，第2天挤1次，以后隔日挤 1 次。由于上述操作会使奶牛的生活规律发生突然变化,使产奶量显著下降,一般经 5~7 天后,日产奶量下降到 8~10 千克以下时,就可以停止挤奶。最后 1 次挤奶应将奶完全挤净,然后用杀菌液蘸洗乳头,封闭乳头方法同"逐渐干奶法"。乳头经封口后即不再动乳房,即使洗刷时也防止触摸它,但应经常注意乳房的变化。

(三) 骤然干奶法

在奶牛干奶日突然停止挤奶,乳房内存留的乳汁经 4~10 天可以吸收完全。对于产奶量过高的奶牛,待突然停奶后 7 天再挤奶 1 次,但挤奶前不按摩,同时注入抑菌的药物(干奶膏),将乳头封闭,方法同"逐渐干奶法"。

3 种方法比较:逐渐干奶法一般用于高产奶牛以及有乳房炎病史的牛。快速干奶法和骤然干奶法现在应用较多,因为这两种方法干奶所需要时间较短,省工省时,并且对牛体健康和胎儿发育影响较小,乳房承受的压力大,有乳腺炎(图 6-5,图 6-6)病史的牛不宜采用。

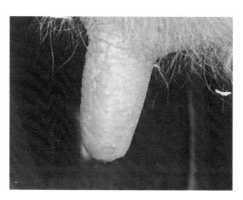

图 6-5 脱杯后正常乳头

因此,需要工作人员大胆细心,责任心强,才能保证奶牛的健康。在停止挤奶后 3~4 天,要随时注意乳房变化。乳房最初可能会继续肿胀,只要乳房不出现红肿、疼痛、发热和发亮等不良现象就不必管它。经 3~5 天后,乳房内积存的奶即会逐渐被吸收,约 10 天

图 6-6　牛乳区红肿

后乳房收缩变软，处于停止活动状态，干奶工作即完全结束。如停奶后出现乳房继续肿胀、红肿或滴奶等现象，母牛会兴奋不安，此时可再将乳汁挤净后再用青霉素药膏封闭为好。

三、干奶期奶牛的饲养

　　干奶期是母牛身体蓄积营养物质时期，适当地营养可使干奶母牛在此期间取得良好的体况。如果在此期饲喂得合理，就可以在下个泌乳期达到较高的产乳量和较大的采食量。由于乳牛代谢疾病的增加，干奶牛体况应维持中等水平。严格限制奶牛干乳期的能量摄入量，绝不应把母牛喂得过肥，否则易导致难产，影响以后的产奶量，过肥的母牛大多数在产后会食欲下降，以至于造成奶牛大量利用体内脂肪，从而易引发酮血症。此外，过肥的干奶牛还会造成脂肪肝的发生。视母牛体况、食欲而定，其原则为使母牛日增重在 500~600 克，全干奶期增重 30~36 千克，体况评分 3.25。

　　干奶期应以青粗饲料为主，糟渣类和多汁类饲料不宜饲喂过多。干物质进食量为母牛体重的 1.5%（粗饲料的含量应达到日粮干物质的 60% 以上），日粮粗蛋白含量为 11%~12%，精粗比为 25：75，产奶净能含量 1.75 奶牛能量单位/千克，NDF45%~50%，NFC30%~35%，干奶前期日粮钙含量 0.4%~0.6%，磷含量 0.3%~0.4%，食盐含量 0.3%，同时注意胡萝卜素的补充。为防止母牛皱胃变位和消化机能失调，每日每头牛至少应喂给 2.5~4.5 千克长干草。

第七章　牛常见病的防治

第一节　瘤胃膨气

一、病因

瘤胃膨气是由于牛采食了过量的或质量较差、变质的饲草饲料，在瘤胃内发酵降解，产生大量的气体，使瘤胃膨胀，嗳气不畅，呼吸受阻。

二、症状

瘤胃膨气可分为急性和慢性。发病的牛只瘤胃迅速膨胀，腹压增大，呼吸急促，血液循环加快。脉搏每分钟 100~120 次。结膜发绀，眼球突出。由于瘤胃壁痉挛性收缩，引起疼痛，病牛站立不安，盗汗；食欲消失，反刍停止。病重时瘤胃壁张力消失，气体聚积，呼吸困难，心力衰竭，倒地抽搐，窒息死亡（图7-1）。

图7-1　瘤胃膨气

三、诊断

瘤胃臌气，又分气体性和泡沫性两种。气体性瘤胃臌气，叩诊牛左上腹发出明显的鼓响声，插入胃管可减缓臌气。泡沫性瘤胃臌气，口腔溢出泡沫状唾液，叩诊牛左上腹鼓响声不明显。

四、治疗

胃管治疗法。通过插入的胃管，可以先放气，然后再投放防瘤胃臌气的化合物。植物油（水：油为500：300）、聚炔亚炔可作为瘤胃抗泡沫剂。从胃管注入的化合物还可选用稀盐酸（10～30毫升）、酒精（1：10）、澄清的石灰水溶液（1 000～2 000毫升）、8%氢氧化镁混悬溶液（600～1 000毫升）、土霉素（250～500毫升）、青霉素（100万国际单位）。

套管针治疗法。用套管针穿刺瘤胃，迅速放出瘤胃内的气体，减缓臌胀，是一种急救治疗方法。使用套管针治疗时，要使套管针附在牛的腹壁上，注意要缓慢放气。待气体放完后，再注入治疗药物，之后可拔出套管针（图7-2）。

图7-2　找准穿刺位置　瘤胃穿刺

口服药物法。灌服的药物有萝卜籽500克和大蒜头200克捣碎混合，加麻油250克；熟石灰200克，加熟的食用油500克；芋叶250克、加食用油500克。

第二节　创伤性网胃炎

一、病因

创伤性网胃炎是指牛采食过程中，金属等异物混在饲料中进入胃内，引起网胃—腹膜慢性炎症。这些异物如铁钉、铁丝、碎铁片、玻璃碴等，尖锐的异物随着网胃的收缩会刺穿胃壁，而发生腹膜炎。

二、症状

食欲下降，瘤胃嗳气，出现臌气，反刍减少。网胃一旦穿孔，采食停止，粪便异常。由于网胃疼痛，弓腰举尾，行动缓慢（图7-3）。

图7-3　网胃中的金属异物

三、诊断

血液检测，白细胞和嗜中性粒细胞总数异常增加，淋巴细胞与嗜中性粒细胞数比值为1.0：1.7（正常牛为1.7：1.0）。可用X射线透视检查网胃。

四、治疗

可肌内注射链霉素5克、青霉素300万国际单位稀释液；或内服磺胺二甲基嘧啶每千克体重0.15克，每天1次，连续3~5天。严重者进行瘤胃手术取出网胃异物。

第三节　瘤胃积食

一、病因

采食大量粗纤维含量较高的饲料饲草引起牛的瘤胃积食。

二、症状

瘤胃积食也称瘤胃阻塞、瘤胃食滞、急性瘤胃扩张，主要表现为无食欲，停止反刍，脱水，出现毒血症（图7-4）。

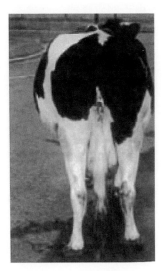

图7-4　瘤胃积食病牛

三、治疗

向瘤胃内及时灌入温水，并进行适度按摩治疗。

第四节　酸中毒

一、病因

脱缰偷食了大量的谷类饲料，如玉米、小麦、大麦、高粱、水稻等，或块茎块根类饲料，如甜菜、马铃薯、甘薯等；或酿造副产品，如酿酒后干谷粒、酒糟；或面食品，如生面团、馒头等。

有的饲养员为了提高产奶量，连续多日过量增加精料。

二、症状

最急性型。一般在饲后 4~8 小时发病，精神高度沉郁，体弱卧地，体温低下，重度脱水。腹部显著臌胀，内容物稀软或水样。陷入昏迷状态后很快死亡。

急性型。食欲废绝，反应迟钝，磨牙虚嚼。瘤胃臌满无蠕动音，触之有水响音，瘤胃液 pH 值 5~6，无存活的纤毛虫，排粪稀软酸臭，有的排粪停止。脉搏细弱，中度脱水，结膜暗红。后期出现明显的神经症状，步态蹒跚或卧地不起，昏睡乃至昏迷，若救治不及时或救治不当，多在发病 24 小时左右死亡。

亚急性型。食欲减退或废绝，精神委顿，轻度脱水，结膜潮红。瘤胃中等度充满，收缩无力，触诊可感生面团样或稠糊样，瘤胃液的 pH 值 5.6~6.5，有一些活动的纤毛虫。有的继发蹄叶炎和瘤胃炎。

三、治疗

瘤胃冲洗中和酸度。常用石灰水洗胃和灌服，取生石灰1千克，加水5 000毫升，搅拌后静置10分钟，取上清液3 000毫升，用胃管灌入瘤胃内，随后放低胃管并用橡皮球吸引，导出瘤胃的液状内容物。如此重复洗胃和导胃，直至瘤胃内容物无酸臭味而呈中性或弱碱性为止。

补液补碱。5%碳酸氢钠2 000~5 000毫升、葡萄糖盐水2 000~

4 000毫升一次静脉注射。对危重病畜输液速度初期宜快。

在洗胃后数小时，灌服石蜡油1 000~1 500毫升，也可在次日用中药"清肠饮"，验方为：当归40克、黄芩50克、二花50克、麦冬40克、元参40克、生地80克、甘草30克、玉金40克、白芍40克、陈皮40克，水煎后一次灌服。

在病的后期静注促反刍液对胃肠机能的恢复大有益处。

第五节　蹄叶炎

一、病因

蹄叶炎是蹄真皮的弥散无腐败性炎症，多发生于5~7岁的产犊、产奶旺盛期的奶牛。突然改喂高碳水化合物饲料和长期喂给高蛋白质饲料易引起蹄真皮发炎。流行性感冒、肠炎、胎衣不下、乳房炎、酮病等会继发此病。

二、症状

急性型，蹄冠部水肿、增温、趾动脉亢进，叩诊蹄痛。体温升高，脉搏、呼吸加快，肌肉颤抖及出汗、弓背，常将后肢伸于腹下，站立时可能会无意识地横向活动或走出牛舍。慢性型，除跛行外，走路摆头，无显著全身症状，但奶产量减少及体重减轻，蹄骨变形，形成芜蹄（图7-5）。

三、治疗

营养性蹄叶炎首先停喂或减少与发病有关的精料，多喂富含维生素的青草。为改善蹄部的血液循环，减少渗出，可施行冷浴或用冷水给患蹄浇淋，3天以后改用蹄部温敷、温脚浴，每次1~2小时，每天2~3次，连续5~7天。为缓解疼痛，可用2%普鲁卡因封闭掌（跖）神经，同时肌肉注射安痛定、青霉素，每天2次。为加速渗出物和有毒物质排出，可每天静脉注射消肿灵液500~1 000毫升，灌服石蜡油1 000~2 000毫升轻泻。为缓解瘤胃代谢紊乱，可用碳酸氢

图 7-5 慢性蹄叶炎蹄尖伸长

钠以纠正酸中毒。对慢性蹄叶炎注意矫形修蹄，并补充锌等微量元素。为脱敏，病初用抗组织胺药物，如内服盐酸苯海拉明 0.5 ～ 1.0 克，每天 1~2 次，5%氯化钙液 250 毫升、10%维生素 C 30 毫升，分别静脉注射。

第六节 胎衣不下

一、病因

胎衣不下也称胎衣滞留，是指母牛产出胎儿 12 小时后胎衣仍未自行排出体外。胎衣在 3~8 小时自行排出体外为正常。流产、胎盘疾病炎症、应激早产、营养素不平衡等均能导致胎衣不下。

二、症状

母牛产后 12 小时，胎衣仍未自行排出体外。有的一部分胎衣被排出后，另一部分中途断离滞留在子宫内（图 7-6）。

三、治疗

灌服该母牛分娩时的羊水，缓慢按摩乳房，使子宫收缩，排下胎衣。也可人工剥离胎衣，促使胎衣与胎盘分离。病情重时，可静

图 7-6　胎衣悬垂于阴户外

脉注射葡萄糖液和钙补充液。为促使恶露排尽可肌内注射麦角新碱 20 毫升，也可按子宫炎疗法向子宫内注入抗生素溶液。

第七节　不孕症

一、卵巢静止或萎缩

这种牛没有什么病症，只是不发情，即使是春季和秋季也无发情表现。要恢复其正常的繁殖机能，可采用如下疗法：注射促卵泡素（FSH）每次 300 万~600 万国际单位；注射妊娠后 50~100 天的母马血清 20~30 毫升；注射二酚乙烷 40~50 毫克。注射后第 2 天或第 3 天观察是否发情。这一次发情并不排卵，只是激活卵巢功能，下一个发情期才能排卵配种。

二、卵泡囊肿

表现为性欲特别旺盛，常爬跨其他母牛，叫声像公牛，却屡配不孕。治疗时要强制做牵遛运动，进行卵巢按摩、激素疗法。肌内注射黄体酮，每次 50~100 毫克，每日或隔日 1 次，7~10 天见反应。

肌内注射促黄体素 100~200 国际单位，用药 1 周后如无效时再做第 2 次治疗，直到囊肿消失为止。卵泡囊肿与黄体囊肿的治疗方法不同，应在直肠检查时予以区分。

第八节　口蹄疫

一、病因

口蹄疫是偶蹄兽类急性、热性、高度接触性传染病，人畜共患，传播渠道多。

二、症状

病畜的口腔黏膜、舌部、乳房、蹄部出现疱疹（图 7-7，图 7-8）。

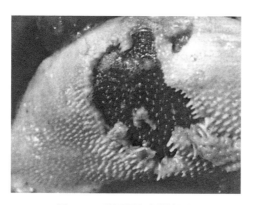

图 7-7　舌面局部新鲜烂斑

三、诊断

发病牛体温 40~41℃，流涎，口腔内的齿龈、舌面、颊部黏膜出现大小不等的水疱及粉红色糜烂。口蹄疫病毒主要分布在病牛的皮内水疱、淋巴液中，通过血流传播于组织和体液中。

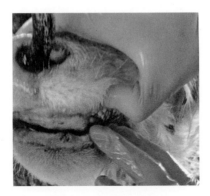

图7-8　牛唇外侧烂斑

四、防治

预防注射口蹄疫疫苗，注射后14天产生免疫力，免疫期4～6个月。

一旦发生O型、牛亚洲I型等牲畜口蹄疫传染病时，由政府按重大动物疫情应急控制预案的规定，封锁疫区，扑杀疫牛。

第九节　结核病

一、病因

结核病是指在机体内器官组织肺部或淋巴结上有钙化的结核结节的人畜共患的慢性传染病。结核杆菌的传染，主要是通过呼吸道、消化道途径，如唾液、乳、粪、尿、生殖器分泌物等。可分为肺结核、乳房结核、肠道结核、生殖道结核、喉结核、脑结核、结核性关节炎等。

二、症状

肺结核患牛常有短促干咳，带有黏性、脓性、灰黄色的咳出物，呼出的气有腐臭味，机体消瘦，淋巴结肿大，胸腹膜有结核病灶。乳房结核患牛淋巴肿大，乳区形成较多的硬结节，乳稀、灰白色。肠道结核患牛消化不良，下痢消瘦，发病部位主要在空肠和回肠。生殖道结核患牛不易受胎，怀孕时常流产（图7-9，图7-10）。

图7-9　肺表面出现灰白色化脓灶

图7-10　肺结核结节内充满灰白色脓汁

三、诊断

结核菌素检验有皮内注射法和点眼法2种方法。

皮内注射法。在颈侧中部上1/3处，注射结核菌原液（50 000

国际单位/毫升），3 月龄牛 0.1 毫升剂量，3~12 月龄 0.15 毫升，12 月龄以上 0.2 毫升。注射 72 小时后观察，皮局部发热有弥漫性水肿，判定为阳性；皮部炎性水肿不明显，判定为疑似；皮部无炎性水肿，判定为阴性。注射后 48 小时可复检。

点眼法。选择眼结膜正常的牛的左眼，用 1%硼酸棉球擦净眼部外围的污物，将 0.2~0.3 毫升结核菌素原液滴入眼结膜囊内，分别在 3 小时、6 小时、9 小时观察，如果有淡黄色脓物流出，结膜明显充血水肿、流泪，可判定为阳性。

四、治疗

预防性治疗药物有异烟肼、链霉素、氨基水杨酸。链霉素对抗结核杆菌有特效作用，注射疗程达 2~3 个月，每天用量 100 万国际单位，小牛可按每千克体重 10~30 毫克。对氨基水杨酸钠抗结核作用比链霉素弱，一般不单独使用。丙硫异烟肼临床常与链霉素、利福平联用。

第十节　传染性胸膜肺炎

一、病原

牛传染性胸膜肺炎也称牛肺疫，是由丝状霉形体引起的对牛危害严重的一种接触性传染病，主要侵害肺和胸膜，其病理特征为纤维素性肺炎和浆液纤维素性肺炎。

二、症状

急性型。病初体温升高至 40~42℃，鼻孔扩张，鼻翼扇动，有浆液或脓性鼻液流出。呼吸高度困难，呈腹式呼吸，有呻声或痛性短咳。前肢张开，喜站。反刍弛缓或消失，可视黏膜发绀，臀部或肩胛部肌肉震颤。脉细而快，每分钟 80~120 次。前胸下部及颈垂水肿。胸部叩诊有实音，痛感；听诊时肺泡音减弱；病情严重出现胸腔积液时，叩诊有浊音。若病情恶化，则呼吸极度困难，病牛呻吟，口流白沫，伏卧伸颈，体温下降，最后窒息而死。病程5~8天。

亚急性型。其症状与急性型相似，但病程较长，症状不如急性型明显而典型。

慢性型。病牛消瘦，常伴发癌性咳嗽，叩诊胸部有实音且敏感。在老疫区多见，牛使役力下降，消化机能紊乱，食欲反复无常，有的无临床症状但长期带毒，故易与结核相混，应注意鉴别。病程2~4周，也有延续至半年以上者。

三、诊断

本病初期不易诊断。若引进牛在数周内出现高热，持续不退，同时兼有浆液纤维素性胸膜肺炎之症状并结合病理变化可作出初步诊断。进一步诊断可通过补体结合反应。其病理诊断要点为：肺呈多色彩的大理石样变性；肺间质明显增宽、水肿，肺组织坏死；浆液纤维素性胸膜肺炎。

牛肺疫与牛巴氏病鉴别：后者发病急、病程短，有败血症表现，组织和内脏有出血点；肺病变部大理石样变性及间质增宽不明显。

早期牛肺疫与结核病鉴别：应通过变态反应及血清学试验等区别。

四、防治

勿从疫区引牛，老疫区宜定期用牛肺疫兔化弱毒菌苗免疫注射；发现病牛应隔离、封锁，必要时宰杀淘汰；污染的牛舍、屠宰场应用3%来苏儿或20%石灰乳消毒。

本病早期治疗可达到临床治愈。病牛症状消失，肺部病灶被结缔组织包裹或钙化，但长期带菌，应隔离饲养以防传染。具体措施如下。

"九一四"疗法。肉牛3~4克，"九一四"溶于5%葡萄糖盐水或生理盐水100~500毫升中，1次静脉注射，间隔5天1次，连用2~4次，现用现配。

抗生素治疗。四环素或土霉素2~3克，每日1次，连用5~7天，静脉注射；链霉素 3~6 克，每日 1 次，连用 5~7 天，除此之外辅以强心、健胃等对症治疗。

第十一节 巴氏杆菌病

一、病因

牛巴氏杆菌病又称为牛出血性败血症，是牛的一种由多杀性巴氏杆菌引起的急性热性传染病。本菌对多种动物和人均有致病性，家畜中以牛发病较多。以高热、内脏广泛出血、纤维素性大叶性胸膜肺炎及咽喉部皮下炎性水肿为特征。

二、症状

体温升高达 41~42℃，脉搏加快，精神沉郁，呼吸困难，皮毛粗乱，肌肉震颤，结膜潮红，鼻镜干燥，食欲减退或废绝，泌乳下降，反刍停止。流涎，流泪，磨牙，呼吸困难，黏膜发绀，后期倒地，体温下降至死亡。病程为数小时至 2 天（图 7-11，图 7-12）。

 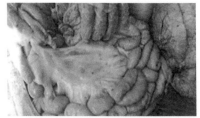

图 7-11 肠道浆膜和肠系膜水肿　　图 7-12 肠系膜淋巴结肿大

三、诊断

根据临床症状诊断，还可进行实验室诊断，由病变部采集组织和渗出液涂片，用碱性美蓝染色后镜检，如涂片中有两端浓染的椭圆形小杆菌，即可确诊。也可进行细菌分离鉴定。

四、治疗

发生本病时，应立即隔离病牛和疑似病牛进行治疗，健康牛要认真做好观察，测温，必要时用高免血清或菌苗进行紧急预防注射。

对于急性病例，用盐酸四环素 8~15 克，溶解在 5% 葡萄糖注射液 1 000~2 000 毫升中静脉注射，每日 2 次效果较好。或用20% 磺胺噻唑钠 50~100 毫升静脉注射，连用 3 天，也有一定效果。此外，在治疗过程中，在加强护理的同时，还应注意对症治疗。

第十二节　布氏杆菌病

一、病因

奶牛布氏杆菌病是由布鲁氏杆菌引起的人畜共患传染病，多呈慢性经过，对牛危害极大。临床主要表现为流产、睾丸炎、腱鞘炎和关节炎，病理特征为全身弥漫性网状内皮细胞增生和肉芽肿结节形成。

二、症状

潜伏期 2 周至 6 个月。母牛流产是本病的主要症状，常发生于怀孕第 5~8 个月，产出死胎或软弱犊牛。流产时除表现分娩征象外，常有生殖道发炎症状，阴道黏膜发生粟粒大小的红色结节，流出灰白色黏性分泌物。胎衣往往滞留，流产后持续排出恶露，呈污灰色或棕红色，可持续 2~3 周。常发生子宫内膜炎、乳房炎。大多数母牛只流产 1 次。公牛常发生睾丸炎或关节炎、滑膜囊炎，有时可见阴茎红肿，睾丸和附睾肿大（图 7-13，图 7-14）。

图7-13　流产牛阴道流出　　　　图7-14　流产母牛阴道流出
　　　　带血分泌物　　　　　　　　　　　　白色分泌物

三、诊断

主要用实验室检验方法进行诊断，常采用平板凝集试验和试管凝集试验相结合的方法。虎红平板凝集试验的方法：将被检血清与布鲁氏菌虎红平板抗原各0.03毫升滴于玻璃板上混匀，在室温下4~10分钟呈现结果，出现凝集现象为阳性反应，完全不凝集的为阴性。受检血清虎红平板凝集试验阳性者，再进行试管凝集试验，试管凝集为阳性者，1个月后复检，仍为阳性者，诊断为阳性病牛。

四、防治

不从疫区引种、购饲料及污染的畜产品。新引入牛须严格检疫，隔离观察1个月，确认健康后方能合群；无病牛群定期检疫，发现病牛，立即淘汰。

检疫为阳性的病牛与同群牛隔离饲养，专人管理，定期消毒，严禁病牛流动。

为消灭传染源，切断传播途径，对检疫为阳性的病牛全部进行淘汰处理。

　　为防止疫情扩散蔓延，对病牛污染的圈舍、环境用1%消毒灵和10%石灰乳等消毒药彻底消毒，病畜的排泄物、流产的胎水、粪便及垫料等消毒后堆积发酵处理。

　　加强检疫，对疫点内的牛每月检疫1次，淘汰处理阳性牛，使其逐步净化，成为健康牛群。

　　定期接种，我国使用的接种菌苗有3种：布氏杆菌病猪型2号菌苗，牛口服接种500亿个活菌，保护期2年；布氏杆菌病羊型5号菌苗，牛皮下注射250亿个活菌，室内气雾免疫250亿个活菌，保护期1年；S19号菌苗，多用于皮下注射，有保护作用。

第十三节　病毒性腹泻

一、病因

　　牛病毒性腹泻（黏膜病）是由牛病毒性腹泻病毒引起的牛的接触性传染病，各种年龄的牛都易感染，以幼龄牛易感性最高。传染来源主要是病畜。病牛的分泌物、排泄物、血液和脾脏等都含有病毒。

二、症状

　　发病时多数牛不表现临床症状，牛群中只见少数轻型病例。有时也引起全牛群突然发病。急性病牛，腹泻是特征性症状，可持续1～3周。粪便水样、恶臭，有大量黏液和气泡，体温升高达40～42℃。慢性病牛，出现间歇性腹泻，病程较长，一般2～5个月，表现消瘦、生长发育受阻，有的出现跛行（图7-15，图7-16）。

三、诊断

　　本病确诊须进行病毒分离，或进行血清中和试验及补体结合试验，实践中以血清中和试验为常用。

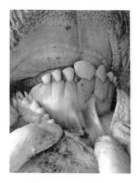 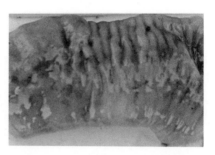

图 7-15　齿龈发红　　　图 7-16　小肠黏膜充血淤血溃疡

四、治疗

本病目前尚无有效治疗和免疫方法，只有加强护理和对症疗法，增强机体抵抗力，促使病牛康复。可应用收敛剂和补液、补盐等对症治疗方法以减轻临床症状，投给抗生素和磺胺药防止继发感染。

第十四节　牛流行热

一、临床症状

牛流行热是由牛流行热病毒引起的牛的一种急性发热性传染病。患牛体温升高达 41~42℃，持续 2~3 天；精神沉郁，口边粘有泡沫或流涎，张口呼吸；流泪，结膜充血水肿；食欲减退或废绝；不爱活动，步态不稳，跛行，喜卧；大多数牛于高热期鼻腔流出透明黏稠分泌物，部分牛鼻镜干裂；瘤胃蠕动停止、肚胀、便秘或腹泻。呼吸促迫，气喘，心跳加快，严重呼吸困难者，可因窒息而死亡；产乳量减少，有些停止泌乳。妊娠牛发生流产、死胎，不流产的牛阴道流出液体。该病常为良性经过，发病率较高，但病死率较低。大部分病牛常在 2~3 日后恢复正常，故又称"三日热"或暂时热。部分病牛常因瘫痪而被淘汰，经济损失较大。

二、剖检变化

牛流行热病死牛，剖检可见肺极度膨大，表现间质性肺气肿、水肿和充血，喉、气管、支气管内充满大量泡沫样液体。病程较长的患牛肝脏肿大，脾脏有多量出血点，心外膜严重出血，右心耳有多量出血点。

三、临床实践

牛流行热主要依靠临床症状进行初诊，其流行特点主要是牛群中大多数牛突发高热，传播迅速，流涎，流泪，气喘，呼吸困难，跛行，喜卧甚至瘫痪。该病主要通过吸血昆虫叮咬健康牛而传播，所以，具有明显季节性，南方一般7月份开始流行，8~9月为高发期。3~5岁牛多发，犊牛和9岁以上的老牛很少发病。

四、病例对照

按症状类型分成4组（图7-17至图7-20），1组描述流涎和呼吸困难：病牛早期表现为流涎呆立，之后表现为张口呼吸和流涎。随着病程延长，病牛因关节疼痛而躺卧；2组描述流泪和流鼻汁：病牛流泪，泪液清亮稀薄。鼻镜干，流清亮或脓鼻汁；3组描述行走困

图7-17　病奶牛流涎

难：表现为走路姿势僵硬，喜躺卧，后期可能不能行走，瘫痪；4 组描述流产：病牛可在妊娠不同时期出现流产。

图7-18　病牛站立，张口呼吸和流涎

图7-19　病牛躺卧，张口呼吸和流涎

五、防控措施

本病尚无特效药物，主要通过疫苗防疫，发病时进行对症治疗，同时做好灭蚊、蝇、蠓等吸血昆虫工作，消灭传播媒介。发病时加强消毒。

图 7-20 病牛肺气肿

（一）疫苗接种

在流行季节到来之前 1~2 个月接种疫苗，第一次接种后 3 周再接种 1 次。免疫保护期为 6 个月。

（二）治疗

治疗原则是：早发现、早隔离、早治疗，合理用药，护理得当。治疗策略是：解热镇痛，强心利尿，消炎平喘，防止细菌性感染，恢复胃肠机能。一般用药 1~3 天。以下方案可供参考。

1. 对体温高、食欲废绝的病牛

可用 5% 的葡萄糖生理盐水 1 500~2 000 毫升/次，静脉注射，每日 2 次；

呼吸症状明显的牛要用控制量或改用 25% 高渗糖盐水 1 000~1 500 毫升/次；

用 30% 安乃近 30~50 毫升/次，或用百尔定 30~50 毫升/次，肌内注射，每日 2 次；

10% 磺胺嘧啶钠液 100 毫升/次静脉注射，每日 2 次；

同时可使用酊剂改善患牛消化机能，如陈皮酊、苦味酊、杏仁酊等，用量为 50~100 毫升。

2. 对呼吸困难、气喘的病牛

肌内注射或皮下注射尼可刹米注射液 10~20 毫升/次，或用 25%氨茶碱 20~40 毫升，6%盐酸麻黄素液 10~20 毫升，一次肌内注射；

地塞米松 50~100 毫克/次与糖盐水 1 500毫升/次混合，缓慢静脉注射（妊娠母牛慎重使用，易引起流产）；

输氧：初期速度宜慢，一般为 3~4 升/分钟，后期可控制在 5~6 升/分钟为宜，持续 2~3 小时。

3. 对兴奋不安的病牛

可选用其中一种镇静剂，用法如下。

甘露醇或山梨醇 300~500 毫升/次静脉注射；

氯丙曝 0.5~1 毫升/千克，一次肌内注射；

硫酸镁 25~50 毫克/千克，缓慢静脉注射；

10%横胺嘧啶钠液 100 毫升/次静脉注射，每日 2 次。

4. 对瘫痪卧地不起的病牛

20%葡萄糖酸钙 500~1 000毫升/次，缓慢静脉注射；

25%硫酸镁 100~200 毫升/次，静脉注射；

复方水杨酸钠溶液，静脉注射；或水杨酸钠溶液混合乌洛托品、安钠加静脉注射。

第十五节　乳腺炎

一、临床症状

乳腺炎是由病原微生物、环境和管理等多个因素引起、一个或多个乳区的炎症，局部表现为红、肿、热、痛、乳腺组织变性坏死和泌乳障碍，严重时伴有发热等全身反应，甚至急性死亡。环境和管理因素往往是病原微生物致病的诱因。

临床上常将乳腺炎分为如下几类。

(一) 最急性乳腺炎

有明显的全身症状，一个乳区或多个乳区突然发炎，产奶量急剧下降，乳汁性状和成分发生改变，甚至呈水样，可能带血。

(二) 急性乳腺炎

体温不升高或略升高，没有明显的全身症状，但乳腺有局部红、肿、热、痛等表现，乳汁性状和成分发生改变，奶产量下降。

(三) 亚急性乳腺炎

全身症状不明显，乳腺的局部症状也不显著，但乳汁成分发生改变，乳汁通常表现为片状、絮状物、凝块或水样。

(四) 慢性乳腺炎

奶牛产奶量长期持续降低，乳房触诊有硬块；发病时间长，后期可因炎症的转归，出现乳腺萎缩；或因症状加重，出现化脓；还有的反复发作。

(五) 隐性乳腺炎

乳汁肉眼观察和乳腺触诊均无异常，只有通过乳汁的理化性质检测才能确定乳汁的变化，包括乳汁中体细胞数增加、牛奶中可培养出致病微生物等。

二、剖检变化

乳腺炎牛很少做剖检，主要依靠临床检测、乳汁检测（体细胞数检测和电导率检测等）和细菌分离培养确诊，细菌药敏试验可通过筛选敏感药物指导临床治疗。

三、临床实践

导致牛患乳腺炎的病因很多，包括非传染性因素（环境卫生不良、饲养管理不当、挤奶方法不正确等）和传染性因素两类。在传染性因素方面，已报道引起乳腺炎的致病菌共有150多种。这些乳腺炎病原菌一般可以分为两类：一类是接触传染性病原微生物，定殖于乳腺并通过挤奶员或挤奶机传播，包括无乳链球菌、停乳链球菌、金黄色葡萄球菌和牛支原体等。另一类是环境性病原体,包括大肠杆菌、肺炎克雷伯菌、葡萄球菌等。对乳腺炎高效防控的前提是弄清该牧场发生乳腺炎的病因,并开展针对性治疗。

基于体细胞数的乳腺炎检测方法最常用的有加州乳腺炎检测法(CMT),因该方法是首先在美国加利福尼亚州使用而得该名的一种乳腺炎检测试验。我国研制出了类似方法,如 BMT(北京奶牛研究所)、SMT(上海奶牛研究所)、HMT(黑龙江省兽医科学研究所),以及 LMT(中国农业科学院兰州兽医研究所)等。其基本原理是在表面活性物质(十二烷基横酸钠)和碱性药物(氢氧化钠)作用下,乳中体细胞被破坏,释放出 DNA,进一步作用,使乳汁产生沉淀或形成凝胶,试剂用蓝色溴甲酚紫作指示剂。检测时将 4 个乳池的牛奶各 5 毫升分别挤入白色检测盘的 4 个杯中,加入等量 CMT 试剂,在水平位上轻轻转动混合液,摇匀,阳性乳将呈凝胶状黏稠。

四、病例对照

为挤奶程序,正确的挤奶程序是预防乳腺炎的关键环节,包括清洁乳头、挤奶前和挤奶后消毒、正确安装挤奶器、根据脱杯后乳头形状判断挤奶机真空度等;为乳腺炎检测和治疗;为乳腺炎的各种临床症状(图 7-21)。

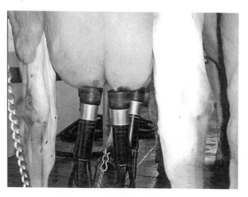

图 7-21　挤奶器安装正确

五、防控措施

（一）加强牛饲养管理和干奶期管理

乳腺炎是一个多因素疾病，所以，对乳腺炎的控制措施也应该是多方面的。乳腺炎的控制策略应该着眼于减少新的乳腺感染和清除现在已经存在的感染。乳腺炎的防治措施包括加强饲养管理、干乳期乳头里外的封闭、围产期乳头应用消毒剂消毒、围产期哺乳和环境中角蝇的控制。其他的一些措施包括对不同年龄的奶牛进行分群、禁止将乳腺炎牛奶饲喂给小牛。

（二）药物治疗

鉴于奶牛乳腺炎发生率极高，及早和正确使用抗生素治疗是一个较好的选择。体外采用药敏试验鉴定致乳腺炎乳汁病原菌对某些抗生素的敏感性，可以为临床正确选择抗生素提供参考。使用乳腺内灌注抗生素也是一种有效的治疗途径。抗生素治疗过程中要注意乳中抗生素的残留，含抗生素残留奶不能食用。

第十六节　牛支原体肺炎

一、临床症状

该病是由牛支原体引起的亚急性或慢性传染病，以肺部病变为主，伴发或继发结膜炎、关节炎、胃肠炎、耳炎等症状。常发生在新引入牛群，运达后2周左右发病。新生犊牛也可因吃含牛支原体的牛奶而感染发病。患牛初期体温升高，可至42℃，精神沉郁，食欲减退，流清亮或脓性鼻汁，眼流浆液性或脓性分泌物，随后出现咳嗽、气喘，清晨及半夜或一天中气温转凉时咳嗽剧烈。严重者食欲废绝。病程稍长时患牛明显消瘦，被毛粗乱无光。有的患牛继发腹泻，粪水样或带血和黏液。有的患牛继发关节炎，表现关节肿大、跛行等症状。病死率平均约为10%，严重者可达50%或更高。

二、剖检变化

主要病变在胸腔和肺部。患牛鼻腔有大量的浆液性或脓性鼻液，气管内有黏性分泌液。胸腔积液，有淡黄色渗出物；心、肺与胸膜粘连；肺脏出现大小不同的红色肉变区，肉变区内散在大小和数量不等的白色化脓灶或黄色干酪样坏死灶，剖面可见脓汁或豆腐渣样内容物流出。心包积液。关节炎病牛关节腔积液，内有脓汁或干酪样坏死物。

三、临床实践

牛支原体肺炎是宿主、病原和环境三因素共同致病的典型代表，环境因素主要为运输应激，运输途中气候恶劣、运输前、中、后的牛只饲养管理不当加剧发病，其他书籍提到的"运输应激综合征""船运热（shipping fever）"也有类似的发病背景。直接病原是牛支原体，但常继发和混合感染其他病原，如多杀性巴氏杆菌 A 型、化脓隐秘杆菌、溶血曼氏杆菌等。牛经纪人反复倒运牛只和长途运输降低牛抵抗力，促进该病的发生。

值得注意的是，牛的另一重要支原体病为牛传染性胸膜肺炎（简称"牛肺疫"），常与牛支原体肺炎混淆。牛肺疫是由丝状支原体丝状亚种小菌落型引起的一种高度接触性传染病，以高热、咳嗽、渗出性纤维素性肺炎和浆液纤维素性胸膜炎为特征。我国于 1996 年已消灭该病，2011 年世界动物卫生组织（OIE）认可我国为无牛肺疫国家。

四、病例对照

图 7-22 至图 7-25 为临床症状，包括流鼻汁、流泪、咳嗽、关节肿大、跛行、腹泻等症状。

五、防控措施

尚无疫苗预防本病，主要依靠综合性措施，包括：加强运输前、途中和运达后过渡期的饲养管理，做好传染病的预防接种及驱虫工

图 7-22 病牛流鼻汁

图 7-23 病牛流眼泪

作。以下措施可供参考。

（一）避免长途运输

尽量就地买牛，避免长途运输

（二）启运前准备

1. 牛舍准备

做好牛场环境设施、圈舍、饲料、饮水与防疫等相关准备；冬季牛舍应做好防寒或保温工作；夏季需通风降温。

进牛前牛舍需进行彻底空栏消毒，其基本程序是：一清、二扫、

图 7-24　病牛沉郁，咳嗽

图 7-25　病牛跛行

三洗、四消毒、五干燥；消毒完毕后，栏舍地面必须干燥 3~5 天，整个消毒过程不少于 7 天；消毒可用火碱或石灰乳等喷撒，按产品要求使用，2 天后再用消毒液喷洒。

2. 牛源地调研

疾病：购牛前，应调查拟购牛地区的疫病发生情况，禁止从疫区购牛。

环境：注意选购地的气温、饲草料质量、气候等环境条件，以便相应调整运输与运达后的饲养管理措施。为新进牛准备好干草和抗应激饲料。选购地的气温与目的地同一时间的气温差不宜超过15℃，选购地和目的地的合适气温在8~32℃。

3. 选牛

待购牛应背景清晰，来自管理规范的牛市或母牛养殖户/企业。此外，牛的防疫背景应清晰，可通过查验免疫记录等措施，确保待购牛处于口蹄疫等重要疫病的免疫保护期内。

4. 暂养

有条件情况下，可将选购牛在当地暂养几天，期间便于发现病牛，并做好抗运输应激的准备工作。

发现病牛：牛只选好后，应在当地周转牛舍内观察3~5天，及时发现、淘汰病牛。

合群适应：让新牛合群，相互适应。

抗应激料：调整饲料，补充抗应激成分。

预防用药：可适当使用抗应激药物（如启运前使用镇静安神药和长效抗生素等）。

（三）运输中管理

1. 装车

春、秋季：最佳季节，牛出现应激反应少，但春、秋是大部分病毒性传染病的高发期，应严防传染病的引入。

夏、冬季：夏季在运输车厢上安遮阳网；冬天运牛要在车厢周围装帆布。车辆消毒：车辆要事先消毒，持有"动物及动物产品运载工具消毒证明"。专业运牛：最好使用专业运牛车，尽量选用单层车，加装侧棚或顶棚，以避免吹风、淋雨、暴晒。

车辆护栏高度不低于1.4米。车厢内有防滑措施，如铺15~20厘米厚沙土，或均匀铺垫20~30厘米厚熏蒸消毒过的干草，或用草垫。

装车密度：不宜装得过满。参考标准：200~300千克，0.6~0.8平方米/头；300~400千克，1~1.2平方米/头、400千克，1.2平方米/头。可不拴系或适当固定，长角牛只必须固定，以避免开车前和刹车时站立不稳而造成伤害。

2. 途中护理

匀速：车速不超过 70 千米/小时，均速。转弯和停车均要先减速，避免急刹车。

检测牛群：每隔 2~3 小时应检查一次牛群状况，将趴卧的牛只及时扶起以防止被踩伤。

水、料：保证牛每天饮水 3~4 次，每头牛每天采食 5 千克左右优质干草。

疾病治疗：途中如有病牛滑倒扭伤、前胃迟缓、流产等，宜简易处理，如肌内注射消炎、解热、镇痛药物，到达目的地后及时进行治疗。

（四）运达后调理

1. 入场时检查验收

车辆进行人场消毒，查证（检疫证、免疫证等）验物，现场进行疾病检查，确保所有指标合格。

2. 卸车和过渡饲养

用装牛台卸车，牛自行慢慢走下车，或用饲草诱导牛只下车，不能鞭打牛只，野蛮卸车。

隔离区过渡期约 1 个月。

进圈后休息 2~3 小时，给予适量饮水（2~3 升/头），饮水中加入葡萄糖、口服补液盐或电解多维，冬季切忌饮冰水。

卸车后至少 6 小时后，给少量优质干草。勿暴饮暴食。

打耳标和称重。如栓系舍饲，可按大小分群，同产地同批次牛最好拴在一起。

可全群注射一次长效抗生素，也可喂清热解毒、健胃类的中草药，以预防运输应激综合征的出现。

过渡期以粗饲料为主：第 1 天喂优质干草、限六成饱，第 2 天不限饲，以后逐渐增加精料量，第 3 周开始逐渐加料至正常水平。

最好采用抗应激饲料过渡，及时隔离治疗病牛。

待完全稳定后进行驱虫与免疫接种。

（五）治疗

牛支原体肺炎治疗的基本原则是：早发现，早诊断，早治疗，用足疗程和剂量。可选用药物包括达氟沙星、环丙沙星、盐酸左氧氟沙星、洛美沙星、托拉菌素、阿奇霉素、林可霉素、泰妙菌素（支原净）等，一般用药 10~14 天。同时，增加牛舍消毒次数，及时清除传染源。

第十七节　牛产气荚膜梭菌病

一、临床症状

由产气荚膜梭菌（旧称魏氏梭菌）引起的急性传染病，以突然发病死亡、严重出血性肠毒血症为特征，也称"猝死症"。最急性型病例无任何前驱症状，几分钟或几小时内突然死亡。死后腹部迅速胀大，舌脱出口外，口腔流出带有红色泡沫的液体。急性型病牛呼吸迫促，结膜发绀，口鼻流出白色或红色泡沫（图 7-26，图 7-27），步态不稳，狂叫倒地，四肢划动，最后死亡。部分患牛发生腹泻，频频努责，里急后重，排出大量含黏液的恶臭粪便。

图 7-26　病牛精神沉郁、流涎

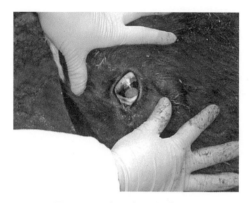

图7-27　病死牛眼结膜淤血

二、剖检变化

剖检以全身实质器官和小肠出血为特征。胸、腹腔积水（图7-28，图7-29）。心脏肿大、心脏肌肉变软，心房及心室外膜有出血斑点。肺脏出血和水肿；肝脏呈紫黑色，有大面积坏死点，胆囊充盈，胆囊壁水肿。真胃出血，小肠黏膜明显出血，肠内容物为暗红色黏稠液体。淋巴结肿大出血、切面褐色。

图7-28　胸腔积液，能抽出大量胸水

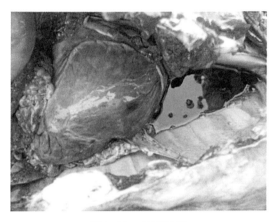

图 7-29　胸腔积液

三、临床实践

牛产气荚膜梭菌病发病急，往往来不及治疗病牛就已死亡，发病率不高，但死亡率高。本病一年四季均可发生，但以春秋两季为主。

四、病例对照

剖检病死牛可见多器官出血性败血症变化。

五、防控措施

（一）治疗

发生本病时，往往来不及治疗。如有条件，可给病牛注射同型高免血清进行紧急治疗。

诊断为本病后，对未发病的同群牛进行预防性抗菌治疗。

病程稍长的病例，可采用以下治疗方案。

1. 全身治疗

治疗原则为：强心、补液、补能、止血。使用安钠加、高浓度葡萄糖、三磷酸腺苷二钠、维生素 C、B 族维生素等药实现强心、补液、补能；使用全身性止血药如止血敏、维生素 K 等或使用 25%葡萄糖和 5%氯化钙静脉注射进行止血。

2. 抗菌消炎

可用的抗生素有：青链霉素、林可霉素、庆大霉素、红霉素、氟哌酸类等。

3. 清理肠胃

灌服液体石蜡油缓泻。

（二）预防

本病的预防可进行产气荚膜梭菌（魏氏梭菌）疫苗免疫，用量用法按标签说明办。

平时的预防措施包括：加强卫生防疫，保持牛场清洁干燥，及时清扫粪便，定期用火碱（氢氧化钠）、生石灰、漂白粉等对运动场、棚舍、用具等进行消毒，并保持经常性的定期消毒。病死牛及其分泌物、排泄物一律烧毁或深埋，做无害化处理。

第十八节　牛血孢子虫病

一、临床症状

牛血孢子虫病又称梨形虫病，旧称焦虫病，是指一类经硬蜱传播、巴贝斯虫或泰勒虫引起的血液原虫病的总称。虫体常寄生于红细胞内，泰勒虫又可以寄生于淋巴结内，以贫血和发热为临床特征。主要包括牛的巴贝斯虫病、牛的泰勒虫病和边虫病等。其中，牛的巴贝斯虫病主要包括双芽巴贝斯虫病、牛巴贝斯虫病和东方巴贝斯虫病；牛的泰勒虫病主要有牛环形泰勒虫病、瑟氏泰勒虫病、中华泰勒虫病。在我国流行较广的主要有双芽巴贝斯虫病、牛巴贝斯虫病、东方巴贝斯虫病、牛环形泰勒虫病和牛瑟氏泰勒虫病。牛环形泰勒虫病主要发生于舍饲牛，其余4种病主要发生于放牧牛。边虫病又称无浆体病，研究较少，该病常呈慢性经过，以贫血、黄疸、营养不良等为主要特征，但急性发病时也可造成患牛死亡，传播边虫病的蜱的种类多于20种。

牛巴贝斯虫病是由于虫体寄生于红细胞内所引起的血液原虫病，以高热（40~42℃）贫血、黄疸和血红蛋白尿（尿的颜色可由淡红色变为棕红色甚至黑红色，又称"红尿热"）为主要特点，且常为几种巴贝斯虫的混合感染。

牛泰勒虫病是由于虫体寄生在红细胞和淋巴细胞内引起的血液原虫病，以高热（40~42℃）、贫血、黄疸、体表淋巴结肿大为主要特征，无血尿症状。

二、剖检变化

牛双芽巴贝斯虫病和牛巴贝斯虫病主要表现为贫血，黄疸，脾肿大和血红蛋白尿，而牛环形泰勒虫病和牛瑟氏泰勒虫病主要表现为贫血、黄疸、全身淋巴结肿大。

三、临床实践

本病有明显的季节性和地区性，发病季节与蜱（本病由硬蜱传播）的活动季节有密切关系，以后逐渐平息。

根据流行病学调查、临床症状和病理解剖特点可作初步诊断，但确诊必须采血涂片用姬姆萨液染色，查血液虫体或淋巴结穿刺查石榴体（大裂殖体和小裂殖体），或结合PCR等分子生物学手段联合确诊。常用PCR方法主要针对18SrRNA基因和内部转录间隔区（ITS）序列，因为该方法灵敏度高、特异性好，是镜检法的辅助方法，甚至是替代方法。

四、病例对照

照片说明该类病的基本过程，图7-30~图7-33为患牛的临床症状，显示贫血、黄疸、血红蛋白尿、体表淋巴结肿大等症状和病理变化。

图7-30　腹股沟淋巴结肿大

图7-31　患牛消瘦，精神沉郁，腹泻

五、防控措施

（一）治疗

1. 巴贝斯虫病的治疗

咪唑苯脲：皮下或肌内注射，每次按每千克体重2毫克剂量，1日1次，必要时可连续应用2~3次。休药期28天，即用药后28天内的奶、肉不能食用。

贝尼尔（三氮脒）：每次按每千克体重黄牛3~7毫克剂量、奶

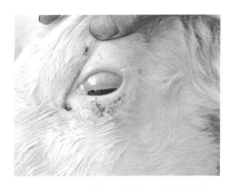

图7-32　患牛贫血症状：眼结膜苍白

图7-33　患牛拉煤焦油样稀便

牛2~5毫克、水牛剂量7毫克，一般制成5%~7%的注射液进行深部肌内注射。水牛只注射1次，黄牛和奶牛隔日1次，连续2次。水牛对贝尼尔敏感，用药1次常较安全，连续使用可能出现中毒甚至死亡。

黄色素（盐酸吖啶黄）：每次按每千克体重3~4毫克剂量，肌内注射，一般用药不超过2次，间隔1~2日。

轻微中毒者，停药1~4小时后中毒症状将自行消失，严重中毒者可用阿托品解毒，每次按每千克体重0.5~1毫克剂量，皮下或肌内注射，但妊娠母牛禁用。新斯的明或毛果芸香碱可解阿托品中毒。

2. 泰勒虫病

贝尼尔：同前述。

磷酸伯氨喹：为泰勒虫病的特效药，使用剂量为每千克体重0.75~1.5 毫克，每日口服 1 次，连续 3 天。

3. 无浆体病

土霉素：治疗本病的特效药物。按每千克体重 30 毫克剂量肌内注射，每日 1 次，共 1~2 次。

对于严重贫血的衰弱病牛，根据病情做输液补充能量，或注射10%安钠加 20~50 毫升（2~5 克）强心。

（二）灭/避蜱

基本措施包括：圈舍灭蜱；有计划地进行野外灭蜱；在蜱活动高峰期在无蜱的环境中舍饲；轮换牧场；牛只调动选择无蜱活动的季节。

可采用药物灭蜱，也可手工除蜱，灭蜱模式大致如下。

1. 消灭牛体上的幼蜱

在 2~3 个月龄药物灭蜱 1 次，隔 7~15 天再进行 1 次。

2. 圈舍灭蜱

在 10—11 月，用杀虫药水溶液喷洒圈舍的墙壁、牛栏和砖缝，消灭环境中的幼蜱。

3. 灭虫药物

伊维菌素或阿维菌素：按每次每千克体重 0.2 毫克剂量，皮下注射。休药期 35 天，即用药后 35 天内的奶、肉不得食用。

溴氰菊酯：常用剂型为 5%溴氰菊酯乳油，用棉籽油做 1：（1 000~1 500）稀释后，进行全身喷淋或药浴，喷淋时以被毛湿透为度。

蝇毒磷：常用剂型是 20%蝇毒磷乳油，使用时 400 倍稀释至终浓度为 0.05%，全身喷淋或药浴。

敌百虫：0.5%敌百虫溶液全身喷淋或药浴。

（三）解毒

蝇毒磷或敌百虫等有机磷药物毒性较大，使用时必须按要求稀释，万一发生中毒，必须立即用阿托品、解磷定或双复磷等药物解毒。

1. 中毒症状

有机磷农药中毒时主要表现为：全身肌肉痉挛，吐白沫，磨牙，流涎，黏膜发绀，呼吸困难，瞳孔缩小至线状，眼球震颤，对光反射减弱，食欲减退至消失，不反刍，腹胀，瘤胃臌气，全身出汗，体表的牛皮蝇不断落地而中毒死亡。有时表现兴奋、转圈。

2. 治疗措施

阿托品：剂量为每次每千克体重 0.5~1 毫克，皮下、肌肉或静脉注射，每隔 1 小时 1 次，至症状消失后，隔 1~4 小时注射 1 次。严重中毒时，应与解磷定配合使用。

解磷定或氯解磷定：剂量均为每次每千克体重 15~30 毫克，配制成 2.5%~5% 的水溶液静脉注射。

输糖补液：静脉滴注 10% 葡萄糖 500 毫升，5% 含糖盐水 2 000 毫升，10% 安钠咖注射液 20 毫升，维生素 C 注射液 5 000 毫克，间隔 3~4 小时 1 次。

镇静安神：兴奋不安时注射盐酸氯丙嗪，剂量为每次每千克体重 0.5~1 毫克，肌内或静脉注射。

强心：心衰时使用肾上腺素，剂量为每次每千克体重 2~5 毫克，皮下或肌内注射。急救时，用生理盐水或葡萄糖液将注射液稀释 10 倍后，作静脉注射。

瘤胃放气：瘤胃臌气时需及时用瘤胃穿刺方法放气。

加强护理：用 5% 肥皂水洗涤体表，温水反复冲洗消除毒物。

第十九节　焦虫病

一、病因

焦虫病是经硬蜱传播的血液原虫病。其中巴贝斯科的双芽巴贝斯虫、牛巴贝斯虫、卵形巴贝斯虫，泰勒科的环形泰勒虫、瑟氏泰勒虫，均属于牛焦虫。

二、症状

患牛体温发热达 40～42℃，出现贫血和血红蛋白尿症状。虫体在红细胞内繁殖，破坏红细胞，出现溶血性贫血、黄疸、血红蛋白尿、营养障碍。

三、诊断

检查粪便中的虫卵。

四、治疗

春秋定期驱虫，加以防治。使用的药物有三氮咪（血虫净、贝尼尔）、咪唑苯脲、核黄素（盐酸吖啶黄）、阿卡普林（喹啉脲）等。

第二十节　蜱

一、病因

蜱是牛体表寄生虫，也称扁虱、牛虱、壁虱、草爬子。常见的有硬蜱、软蜱。硬蜱呈红褐色，背腹扁平卵圆形，雄虫米粒大小，雌虫蓖麻大小。蜱的发育有 4 个阶段，即卵、幼虫、茧虫和成虫，后 3 个阶段生活在牛体上，以吸血为主。

二、防治

灭蜱药物目前有拟除虫菊酯类杀虫剂、有机磷杀虫剂、脒基类杀虫剂。

第二十一节　螨

一、病因

螨病是一种接触传染的慢性皮肤病，又叫疥癣或癞病。可分类为疥螨、痒螨和足螨，其中疥螨流行最广，危害最大。牛疥螨是一种寄生虫，近圆形，灰白色或浅黄色。

二、症状

牛疥螨多发生在头部、眼眶，严重时可蔓延到全身。疥螨成雌虫寄生在宿主表皮内。疥螨的口器有挖掘宿主表皮隧道的功能，在皮下隧道中产卵。痒螨和足螨寄生在皮肤表面，发育期10~12天。患牛精神萎靡，消瘦贫血，生产性能下降（图7-34，图7-35）。

图7-34　痒螨　　　　图7-35　痒螨寄生的病牛

三、诊断

刮取牛患部皮肤表面的皮屑，将白色皮屑放在黑色玻璃平面上，缓慢加热，观察到移动的灰白色小点，便是爬动的螨；或将皮屑放在载玻片上，滴加少量甘油，在显微镜下观察，也可见到虫体。

四、治疗

有效的防治方法是多透光、通风、干燥、卫生、消毒。治疗，首先是剪被毛，用肥皂水或煤酚皂液清洗皮肤，再用药物处理。药物可用2%敌百虫水溶液等浸涂皮肤患处，每天2次，连用3天；或用石灰硫黄合剂（硫黄5份、生石灰6份、清水300份）涂抹患处，连用5天；或注射伊维菌素针剂每千克体重100微克，连续3次，每次间隔7天时间。

第二十二节　犊牛佝偻病

　　佝偻病是生长快速的幼畜维生素D缺乏及钙、磷代谢障碍所致的骨营养不良。病理特征是成骨细胞钙化作用不足、持久性软骨肥大及骨骺增大的暂时钙化作用不全。临床特征是消化紊乱、异嗜癖、跛行及骨骼变形。快速生长中的犊牛，由于原发性磷缺乏及舍饲中光照不足，犊牛轻度的维生素D缺乏，就足够引起佝偻病的发生。佝偻病多发生在断奶之后的犊牛。佝偻病是以骨基质钙化不足为基础发生的，而促进骨骼钙化作用的主要因子是维生素D。特别是当钙、磷比例不平衡时，犊牛对维生素D的缺乏极为敏感。一旦食物中钙和磷缺乏，并导致体内钙、磷不平衡现象，这时若伴有任何程度的维生素D不足现象，就可使成骨细胞钙化过程延迟，同时甲状旁腺促进小肠中的钙的吸收作用也降低，导致佝偻病的发生。

　　犊牛发病早期呈现食欲减退，消化不良，精神不活泼，然后出现异嗜癖。病畜经常卧地，不愿起立和运动。发育停滞，消瘦，下颌骨增厚和变软，出牙期延长，齿形不规则，齿质钙化不足（坑凹不平，有沟，有色素），常排列不整齐，齿面易磨损，不平整。严重的犊牛口腔不能闭合，舌突出，流涎，吃食困难。最后面骨和躯干、四肢骨骼有变形，间或伴有咳嗽、腹泻、呼吸困难和贫血。犊牛低头，拱背，站立时前肢腕关节屈曲，向前方外侧凸出，呈内弧形；后肢跗关节内收，呈八字形叉开站立。运动时步态僵硬，肢关节增大（图7-36，图7-37）。

　　根据动物的年龄、饲养管理条件、慢性经过、生长迟缓、异嗜癖、运动困难以及牙齿和骨骼变化等特征，可以确诊。

　　佝偻病的发生既可由于饲料中钙、磷比例不平衡，也可由于维

图 7-36 佝偻病牛

图 7-37 犊牛八字形站立

生素 D 缺乏引起，二者之间的关系是相互促进和影响的，在很多情况下，维生素 D 缺乏起着重要作用，因此防治佝偻病的关键是保证机体能获得充分的维生素 D。日粮中应按维生素 D 的需要量给予合理的补充，并保证冬季舍饲期得到足够的日光照射。

　　日粮应由多种饲料组成，特别要注意钙、磷平衡问题。富含维生素 D 的饲料包括开花阶段以后的优质干草、豆科牧草和其他青绿饲料，在这些饲料中，一般也含有充足的钙和磷。

第二十三节　阴道脱出

母牛阴道的一部分或全部脱出于阴门之外，称为阴道脱出。分阴道上壁脱出和下壁脱出，以下壁脱出为多见。多发于妊娠中后期，年老体弱的母牛发病率较高。

发病原因主要是由于日粮中缺乏常量元素及微量元素，运动不足，阴道损伤及年老体弱等。瘤胃臌气、便秘、腹泻、阴道炎，长期处于向后倾斜过大的床栏，以及分娩和难产时的阵缩、努责等，致使腹内压增加，是其诱因。

病牛一般无全身症状，阴道部分脱出常在卧下时，见到形如鹅卵到拳头大的红色或暗红色的半球状阴道壁突出于阴门外（图7-38），站立时缓慢缩回。但当反复脱出后，则难以自行缩回（图7-39）。阴道完全脱出多由部分脱出发展而成，可见形似排球到篮球大的球状物突出于阴门外，其末端有子宫颈外口，尿道外口常被挤压在脱出阴道部分的底部，故虽能排尿但不流畅。脱出的阴道初期呈

图7-38　母牛阴道部分脱出

粉红色，后因空气刺激和摩擦而瘀血水肿，渐成紫红色肉胨状，表面常有污染的粪土，进而出血、干裂、结痂、糜烂等。部分脱出的治疗：站立时能自行缩回的，一般不需整复和固定。在加强运动、

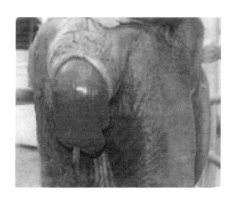

图7-39 母牛阴道脱出

增加营养、减少卧地，并使其保持后位高的基础上，灌服具有"补虚益气"的中药方剂，多能治愈。站立时不能自行缩回者，应进行整复固定，并配以药物治疗。完全脱出的应行整复固定，并配以药物治疗。整复时，将病牛保定在前低后高的地方，裹扎尾巴并拉向体侧，选用2%明矾水、1%食盐水、0.1%高锰酸钾溶液、0.1%雷奴尔或淡花椒水，清洗局部及其周围。趁牛不甚努责的时候用手掌将脱出的阴道托送回体内后，取出纱布，用消毒的粗缝线将阴门上2/3作减张缝合或钮孔状缝合。当病牛剧烈努责而影响整复时，可进行硬膜外腔麻醉或尾骶封闭。

参考文献

史民康 . 2015. 图说如何安全高效饲养肉牛 ［M］. 北京：中国农业出版社 .

王会珍 . 2016. 高效养奶牛 ［M］. 北京：机械工业出版社 .

姚亚铃 . 2016. 肉牛规模化健康养殖彩色图册 ［M］. 长沙：湖南科学技术出版社 .

张巧娥，封元，梁小军 . 2018. 肉牛健康高效养殖培训实用技术 ［M］. 银川：阳光出版社 .

朱新书 . 2017. 放牧牛羊高效养殖综合配套技术 ［M］. 兰州：甘肃科学技术出版社 .

左福元 . 2018. 高效健康养肉牛全程实操图解 ［M］. 北京：中国农业出版社 .